Doris Röthig

Rettungshundeausbildung zur Flächensuche

Doris Röthig

Rettungshundeausbildung zur Flächensuche

2. Auflage

Oertel+Spörer

Bildnachweis
Titelbild: Matthias Falkenstein
Innenteilbilder:
Peter Dyck S. 10
Matthias Falkenstein S. 21, 45, 66, 70, 71, 88 (2)
Klaus Glahe S. 17
Kathrin Goldmann S. 22
Carlo Rasi S. 12, 14, 18, 19, 23, 52, 57, 58, 59, 65, 84, 87, 96, 108, 115, 126
Alle anderen Fotos von Dr. Gabriele Lehari

Zeichnungen
Waldemar Winkler

Haftungsausschluss
Die Hinweise in diesem Buch wurden von der Autorin sorgfältig recherchiert und geprüft. Es können jedoch keinerlei Garantien übernommen werden. Eine Haftung der Autorin bzw. des Verlags und seiner Beauftragten für Personen-, Sach- und Vermögensschäden ist ausgeschlossen.

Bibliografische Information der Deutschen Nationalbibliothek
Die Deutsche Nationalbibliothek verzeichnet diese Publikation in der Deutschen Nationalbibliografie; detaillierte bibliografische Daten sind im Internet über http://dnb.d-nb.de abrufbar.

Postfach 16 42 · 72706 Reutlingen
2. Auflage

Lektorat: Dr. Gabriele Lehari
DTP und Repro: Oertel+Spörer Verlags-GmbH + Co. KG
Druck und Bindung: Oertel+Spörer Druck und Medien-GmbH+Co., Riederich
Printed in Germany
ISBN 978-3-88627-839-8

Inhalt

KING OF
geprüfter
2013
Rettungshund

Vorwort

So manch ein Leser wird sich jetzt fragen: Warum noch ein Buch über Rettungshunde? Sicher, besonders viele gibt es nicht, aber ist das allein ein Grund, noch eines zu schreiben?
Ich möchte in diesem Buch einen kompletten Weg der Ausbildung eines Rettungshundes für die Flächensuche darstellen. Es ist ein Weg, den ich mir in vielen Jahren erarbeitet habe und von dem ich überzeugt bin, dass er zu dem Erfolg führt, den ich in der Rettungshundearbeit anstrebe. Auch ich habe früher anders ausgebildet und habe meine Methode im Laufe der Zeit immer mehr optimiert, um mein Ziel zu erreichen. Dieser Weg ist nicht nur an meinen eigenen Hunden und an den Hunden meiner Rettungshundestaffel erprobt, sondern ich habe auch auf zahllosen Seminaren anderen Rettungshundeführern und ihren Hunden mit dieser Methode einen Weg vorgeben können. Die begeisterte Resonanz auf diesen Seminaren hat mich dazu gebracht, meine Erfahrungen in Buchform niederzuschreiben.
Natürlich erwarte ich nicht, dass nun alles, was in diesem Buch steht, detailgetreu umgesetzt wird. Hundeausbildung ist nun einmal eine sehr individuelle Angelegenheit. Damit meine ich nicht nur, dass jeder Hund ein Individuum für sich ist und dass man auf seine speziellen Bedürfnisse eingehen muss. Das ist ja selbstverständlich. Aber auch jeder Ausbilder und jeder Rettungshundeführer hat seinen eigenen Stil und es ist klar, dass man die in diesem Buch beschriebenen Übungen auch etwas anders ausführen kann. Deswegen ist es nicht falsch, sondern eben nur etwas anders.
Es wird auch viele geben, die den einen oder anderen Ausbildungsschritt für sinnvoll halten und für ihr Training übernehmen, aber manche Ausbildungsschritte nicht, weil sie davon überzeugt sind, sie hätten an dieser Stelle einen anderen Weg gewählt, mit dem sie gute Erfahrungen gemacht haben und den sie nicht ändern wollen.

Solche Ausbilder und Rettungshundeführer, die sich aus meinem Buch die Teile heraussuchen, die sie brauchen und für gut befinden und daraus zusammen mit ihrem Erfahrungsschatz einen eigenen Weg finden, sind mir am sympathischsten. Denn nur so kann es gehen. Hundeausbildung – und vor allem eine so abwechslungsreiche und anspruchsvolle Hundeausbildung wie die Rettungshundearbeit – kann nicht nach Schema F funktionieren. Man muss viel Eigeninitiative entwickeln und sich manchmal auch Irrtümer eingestehen. Jemanden exakt kopieren zu wollen, funktioniert sowieso nicht. Man muss seinen eigenen Stil entwickeln. Denn natürlich habe auch ich mir in den vielen Jahren, in den ich mit Hunden arbeite, sei es im Hundesport, im Therapiehundebereich oder in der Fährten-

arbeit, von anderen Ausbildern Anregungen geholt, für die Rettungshundearbeit modifiziert und in meine Ausbildungsmethode integriert. Man muss das Rad ja nicht ständig neu erfinden.
Ich kann nur jedem Rettungshundeausbilder raten, über den Tellerrand zu schauen und sich auch aus anderen Bereichen der Hundearbeit inspirieren zu lassen. In allen Bereichen gibt es etwas für uns Rettungshundeführer zu lernen, man muss nur dafür offen sein.

Die Autorin mit ihren beiden Rettungshunden Phaidra und Jason.

Ein guter Ausbilder und Rettungshundeführer kann nur der sein, der sich ständig weiterentwickelt und bereit ist, auch Neues zu prüfen und gegebenenfalls zu übernehmen, unter Umständen auch etwas abgewandelt. Diesem Personenkreis möchte ich mit meinem Buch eine Grundlage und ein Nachschlagewerk an die Hand geben.
Es soll aber auch Anfänger, die einen Einstieg in die Rettungshundearbeit suchen, ansprechen. Deshalb wird nicht nur über die Ausbildung des Rettungshundes, sondern auch über grundlegende Dinge der Rettungshundearbeit die Rede sein.

Das gilt auch für das Thema Gehorsam. Über die Ausbildung der Gehorsamsübungen gibt es zahllose Bücher, in denen beschrieben wird, wie man Sitz und Platz dem Hund am besten beibringt. Mit diesen Büchern will und kann ich hier nicht konkurrieren, aber ich sehe in der Rettungshundearbeit immer wieder Hunde (und Hundeführer), die unmotiviert ihre Gehorsamsübungen absolvieren und hoffen, damit die Prüfungen zu bestehen. Deshalb gebe ich auf vielfachen Wunsch ein paar Tipps, wie man den Gehorsam mit seinem Hund trainiert, ohne dass dieser gelangweilt ist. Denn man kann Gehorsam auch für den Hund motivierend gestalten, allerdings wird der Hund nicht motiviert sein, wenn der Hundeführer es nicht ist. Deshalb hoffe ich, dass die wenigen Seiten, die ich zu diesem Thema beitragen werde, den einen oder anderen Hundeführer animieren werden, sich mehr mit diesem Thema auseinanderzusetzen.

Damit sind wir wieder bei der Eingangsfrage. Ist ein neues Buch nötig? Sagen wir es mal so: Ich hoffe, mit diesem Buch ein wenig dazu beizutragen, dass noch mehr Menschen als jetzt schon Freude an der Rettungshundearbeit haben und dass diese so sinnvolle Tätigkeit die Anerkennung findet, die sie verdient.

UND ZUM SCHLUSS NOCH EIN HINWEIS

Aus Gründen der Übersichtlichkeit und Einfachheit ist in diesem Buch immer von Helfern und Hundeführern die Rede. Alle Helferinnen und Hundeführerinnen mögen mir dies bitte nachsehen und sich nicht benachteiligt fühlen.

Allgemeines über Rettungshundearbeit

Bevor wir uns mit der praktischen Umsetzung der Ausbildung und der Durchführung der Rettungshundearbeit beschäftigen, möchte ich zunächst kurz erläutern, was überhaupt Rettungshundearbeit ist und was sie für mich und meinen Vierbeiner bedeutet.

Was erwartet mich als zukünftiger Rettungshundeführer?

Das ist eine gute Frage. Was erwartet mich denn nun als zukünftiger Rettungshundeführer? Diese Frage einem Neuling in der Rettungshundearbeit zu beantworten, ist nicht ganz einfach. Als erstes kommen wir darauf, dass – wie der Name schon sagt – Rettungshundearbeit Arbeit ist. Viel Arbeit sogar. Macht diese Arbeit Spaß? Ja, natürlich. Ist diese Arbeit stressig? Ja, natürlich. Ist man von dieser Arbeit manchmal frustriert? Ja, natürlich. Möchte man manchmal alles einfach hinschmeißen? Ja, natürlich. Kostet es viel Zeit und Geld? Ja, natürlich.

Rettungshundearbeit ist anstrengend und zeitaufwendig – für Mensch und Hund.

Rettungshundeführer zu sein ist wie ein zweiter Beruf. Das macht man nicht nebenbei. Man lebt es. Überwiegen nun die positiven oder die negativen Aspekte? Nun, das muss jeder für sich selbst entscheiden. Viele hören aus verschiedenen Gründen wieder mit der Rettungshundearbeit auf wegen Zeitmangel, eines neuen Berufs, aus familiären Gründen und vielem mehr.

Für jeden, der sagt, diese Arbeit kostet ihn zu viel Zeit und deshalb kann er nicht weitermachen, habe ich vollstes Verständnis. Für jeden, der frustriert aufgibt, weil er keinen Erfolg und Weiterkommen sieht, habe ich weniger Verständnis. Denn jeder, der lange genug in der Rettungshundearbeit ist, hat solche Momente des Zweifels schon gehabt. Das ist aber kein Grund, gleich wieder aufzugeben.
Aber was macht nun die Rettungshundearbeit primär aus? Dass es viel Arbeit ist, wissen wir schon. Mindestens zweimal pro Woche muss man in der Gruppe trainieren. Aber auch, wenn man allein mit dem Hund unterwegs ist, muss man

ständig an sich und dem Hund arbeiten. Bei jedem Waldspaziergang lässt man den Hund über Bäume balancieren, macht ein paar Gehorsamsübungen, führt ein paar Übungen zur Steigerung der Suchintensität und Suchkondition durch und kann – wenn man zu zweit spazieren geht – sogar ein paar Anzeigeübungen oder eine kleine Suche einbauen.

Der „zweite" Beruf

Wenn man alle Stunden zusammenzählt, die man entweder in der Gruppe oder allein mit dem Hund übt, macht der Begriff vom „zweiten Beruf" schon irgendwie Sinn. Und dazu kommt noch die Arbeit ohne Hund. Denn als Rettungshundeführer muss man über ein gewaltiges theoretisches Wissen verfügen wie zum Beispiel Erste Hilfe (am Menschen und am Hund), Orientierung mit Karte und Kompass, Unfallverhütungsvorschriften, Kynologie, Umgang mit dem Funkgerät und vieles mehr.

Viel Arbeit ist es also nun. Aber macht diese Arbeit Spaß? Das ist schon schwieriger zu beantworten. Wenn man beim Training im Regen steht, von oben bis unten mit Schlamm bespritzt ist und seinem Hund hinterherläuft, bis er die Versteckperson gefunden hat und diese freudestrahlend anzeigt, macht das schon irgendwie Spaß – jedenfalls denen, die dabeigeblieben sind. Sonst würden sie es ja nicht tun. Es zwingt einen ja keiner dazu.

Dass andere Hundeführer da manchmal Verständnisschwierigkeiten haben, ist klar. Die Frage, warum man das eigentlich alles auf sich nimmt, beantwortet jeder anders. Dem einen geht es hauptsächlich um die Arbeit mit dem Hund, anderen gefällt es, in einer Gruppe Gleichgesinnter einer etwas – zugegebenermaßen – zeitraubenden Freizeitbeschäftigung nachzugehen. Aber allen geht es darum, Menschen in Not zu helfen. Denn wenn die Rettungshunde gerufen werden, sind sie meist die letzte Überlebenschance für einen Menschen, der unsere Hilfe braucht.

Natürlich ist das alles oft auch stressig und frustrierend, wie alles, was einen hohen Einsatz von uns erwartet, wenn man zum Beispiel in der Ausbildung nicht weiterkommt, der Hund ein unerwünschtes Verhalten zeigt, man mit seinen Staffelkameraden oder seinen Ausbildern mal nicht einer Meinung ist – all dies kommt immer wieder mal vor.

Dort, wo Menschen zusammenkommen, gibt es irgendwann auch immer mal Meinungsverschiedenheiten. Und viele Menschen kommen mit Kritik, auch wenn sie gut gemeint ist, nicht klar. Dabei nehmen sie Kritik am Hund sehr viel persönlicher, als wenn man sie selbst kritisiert. Da ist vonseiten der Ausbilder und aller Staffelmitglieder Fingerspitzengefühl gefragt. Denn eine achtlose Kritik kann andere sehr verletzen. Denn auch in jeder Rettungshundestaffel gibt es Menschen

mit den unterschiedlichsten Charakteren. Manche sind etwas dünnhäutiger als andere und wie in jeder anderen Gruppe muss man sich dann eben manchmal etwas zurückhalten.
Frustrierend können auch die Ergebnisse bei Einsätzen sein. Einsätze, die mit einem Lebendfund enden, sind natürlich die glücklichsten, aber leider nicht die häufigsten. Wie oft sitzt die „vermisste Person" in einem Zug und ist auf dem Weg ans andere Ende Deutschlands oder ist in irgendeiner Kneipe gelandet und trinkt sich einen. Für solche Einsätze dann nachts um drei Uhr im Regen durch den Wald zu laufen, kann schon frustrierend sein, gehört aber dazu und wird sich auch nicht ändern lassen. Deswegen lohnt es sich nicht, sich darüber aufzuregen. Beim nächsten Mal fährt man wieder voller Elan in den Einsatz.

Rettungshundearbeit kostet neben der vielen Zeit auch Geld. Man fährt Tausende von Kilometern im Jahr zum Training, zur Fortbildung oder zu Vorführungen. Auch wenn man einen Großteil der Ausrüstung von seiner Organisation meistens gestellt bekommt, kauft sich doch jeder Hundeführer persönliche Dinge, die er im Einsatz und im Training benutzt, und die gehen im Laufe der Jahre schon ins Geld.

Rettungshundearbeit ist Teamarbeit und wird eine Person gefunden, ist es der Erfolg aller Beteiligten.

Teamarbeit, die sich lohnt

Also, warum tun wir dies alles? Es gibt keine Preise und keine Pokale zu gewinnen, die viele Arbeit wird von anderen oft kaum zur Kenntnis genommen und der Erfolg ist auch zweifelhaft. So mancher engagierter Rettungshundeführer hat in seinem Leben an zahllosen Einsätzen teilgenommen und trotzdem nie persönlich eine vermisste Person lebend finden können. Wird dieser Hundeführer nun sagen, dass sich das alles nicht gelohnt hat? Nein, denn Rettungshundearbeit ist Teamarbeit, das gilt im Training ebenso wie im Einsatz.

Auch wenn man selbst noch nie jemanden gefunden hat, sondern immer die Hunde in den zugewiesenen Gebieten links und rechts von einem, hat es sich gelohnt. Welcher Hund im Einsatz letztendlich die vermisste Person findet, ist Zufall. Aber wenn eine Person lebend gefunden wurde, dann ist es immer ein Erfolg aller Beteiligten. Und dieses Gefühl bestätigt uns als Rettungshundeführer in unserer Aufgabe und lässt alle Mühen und Kosten nebensächlich erscheinen.

Dieses alles und noch mehr erwartet einen als Rettungshundeführer. Will ich all dies auf mich nehmen? Wenn man sich nach eingehender Suche für eine Rettungshundestaffel entschieden hat und dort mitarbeitet, muss man sich nach einigen Wochen oder Monaten selbst die Frage stellen: Bin ich hier wirklich am richtigen Ort? Wenn man es ernst nimmt, kostet es einen enorm viel Zeit. Aber auch der Staffel kostet es viel Zeit. Und deshalb sollte man in dieser Beziehung sehr ehrlich zu sich sein.

RETTUNGSHUNDEARBEIT IST MEHR ALS HUNDESPORT!

Rettungshundearbeit ist nicht dazu da, einfach nur seinen Hund auszulasten. Dafür gibt es im Bereich des Hundesports genug andere Angebote, die man nutzen kann und die dem Hund ebenso viel Spaß machen. Als Rettungshundeführer muss einem immer klar sein, dass die gesamte Ausbildung einen ernsten Hintergrund hat und wir oft die letzte Chance für eine verschwundene Person darstellen. Nur wer sich dessen bewusst und deshalb auch bereit ist, Kompromisse zu machen, ist in der Rettungshundearbeit richtig aufgehoben.

Warum gibt es Rettungshunde?

Bis heute sind Rettungshunde durch technische Gerätschaften wie Wärmebildkameras nicht vollständig zu ersetzen. Deshalb wird der Einsatz eines Flächensuchhundes in einem unübersichtlichen Waldgebiet auch in Zukunft für vermisste Personen die letzte Überlebenschance darstellen. Ein Rettungshundeteam, bestehend aus einem Hundeführer, seinem Hund und mindestens einem Helfer, kann so schnell wie sonst niemand ein Waldgebiet flächendeckend absuchen. Und da in Einsätzen nicht nur ein Hund, sondern manchmal eine große Anzahl von ihnen im Einsatz ist, kann ein relativ großes Suchgebiet in kurzer Zeit als abgesucht gemeldet werden.

Zwar werden in der letzten Zeit für Rettungshundeeinsätze immer öfter Mantrailer (Näheres siehe Seite 25) angefordert, aber diese sind auch nicht immer erfolgreich und für manche Einsatzlagen nur bedingt geeignet. Wenn man keinen Abgangspunkt der vermissten Personen hat, wird man auch in Zukunft auf Flächensuchhunde zurückgreifen müssen.
Ideal ist es, wenn Mantrailer mit Flächensuchhunden zusammen arbeiten, sich ergänzen und damit die Chance auf einen schnellen Erfolg erhöhen.

Flächensuchhunde suchen keine Fährte, sondern halten ihre Nase in die Luft und suchen generell nach menschlicher Witterung. Dadurch kann es schon einmal passieren, dass auch andere Personen, die sich im Suchgebiet aufhalten, angezeigt werden. Das stellt aber im praktischen Einsatz normalerweise kein Problem dar.

Durch die Zusammenarbeit mit Mantrailern lässt sich die Erfolgschance bei einem Einsatz erhöhen.

Anforderungen an den Rettungshundeführer

Um Rettungshundeführer zu werden, muss man eine Reihe von Eigenschaften mitbringen. Diejenige, an der viele in der Anfangszeit scheitern, ist die Bereitschaft, viel Zeit zu investieren. Wenn man Neuankömmlingen sagt, dass man jedes Wochenende trainiert und dass jeder auch in seiner Freizeit mit seinem Hund arbeiten muss, verstehen das zwar alle, aber kaum einer kann sich anfangs vorstellen, was das wirklich heißt. Wie sollten sie auch? Das kommt erst mit der Zeit.

Teamgeist und Zeit sind wichtige Voraussetzungen für einen Rettungshundeführer.

Als Rettungshundeführer muss man sowohl psychisch als auch physisch außerordentlich belastbar sein. Rettungshundearbeit ist nichts für Abenteurer oder für Hundebesitzer, die Action suchen. Rettungshundearbeit ist Dienst an Mitmenschen, die in Not geraten sind, und das sollte auch die Antriebsfeder eines jeden sein, der in der Rettungshundearbeit tätig ist.

Man muss bereit sein, sich neben der Arbeit mit dem Hund auch ein umfangreiches theoretisches Wissen anzueignen. Gute Kenntnisse in der Erstversorgung von gefundenen Personen sind außerordentlich wichtig, aber bei Weitem nicht das Einzige, was man lernen muss. Dazu gehören unter anderem auch Erste Hilfe am Hund, Umgang mit Karte, GPS und Kompass, Einsatztaktik, Unfallverhütungsvorschriften und vieles mehr.

Eine der wichtigsten Eigenschaften aber ist die Bereitschaft zur Teamarbeit. Sowohl das regelmäßige Training als auch die Einsätze sind nur als Team möglich. Einzelkämpfer werden nicht gebraucht. Jeder muss bereit sein, sich an der Ausbildung der anderen Hunde zu beteiligen und sich auch ganz allgemein in das Staffelleben zu integrieren. Wer das nicht will oder kann, hat in einer Rettungshundestaffel nichts verloren.

Regelmäßiges Training ist Grundlage für die Rettungshundearbeit.

Anforderungen an den Hund

Welche Voraussetzungen sollte nun ein Hund erfüllen, damit er sich als Rettungshund eignet? Zunächst einmal sollte der Hund nicht zu alt sein, da eine Rettungshundeausbildung schließlich eineinhalb bis zwei Jahre dauert, im manchen Fällen auch länger. Und wenn der Hund seine Rettungshundeprüfung abgelegt hat, soll er ja auch nicht gleich zwei Jahre später wieder in den Ruhestand gehen. Deshalb sollte ein Hund, mit dem man eine Rettungshundeausbildung anfängt, nicht älter als drei Jahre alt sein.

Es mag natürlich Fälle geben, in denen ein sehr talentierter oder schon in anderen Bereichen ausgebildeter Hund auch noch mit vier Jahren die Ausbildung beginnen kann, das kommt aber immer sehr auf den Einzelfall an. Am besten ist es natürlich, wenn man mit einem Welpen beginnt.

Der Hund muss außerdem einen wesensfesten Charakter haben, das heißt, er darf keine Aggressionen oder Ängstlichkeit gegenüber Menschen zeigen und gegenüber Hunden sollte er sich zumindest während der Arbeit neutral verhalten. Von vornherein aber jeden Rüden auszusortieren, nur weil er keine anderen Rüden mag, ist übertrieben. Auch ein Rettungshund ist ein Hund mit normalem Verhalten.

In vielen Staffeln müssen alle Hunde miteinander spielen oder auch friedlich nebeneinander unangeleint spazieren gehen. Doch warum? Ausgebildet wird jeder einzeln und dass sich die Hunde im Einsatz über den Weg laufen, ist auch nicht allzu häufig. Außerdem hat die Erfahrung gezeigt, dass auch Hunde, die dazu neigen, andere Hunde nicht zu mögen, dieses Verhalten während der Arbeit nicht zeigen. Sie können sozusagen Dienst und Freizeit unterscheiden.

Natürlich muss der Hund arbeitsfreudig sein und sich motivieren lassen, sei es über Leckerchen oder über Beute. Ein erfahrener Ausbilder erkennt recht schnell, ob sich ein Hund für die Rettungshundearbeit eignet, allerdings noch nicht gleich am ersten Tag.

Der Hund sollte auch nicht zu groß und nicht zu klein sein, eine mittlere Größe ist am besten.

Jetzt könnte man der Meinung sein, die oben genannten Anforderungen treffen aber auf viele Hunde zu. Und die können alle zu Rettungshunden ausgebildet werden? Ja, ein großer Teil sicher. Dass das bei vielen Hunden dann dennoch nicht klappt, liegt selten am Hund, sondern meistens am Hundeführer. Dazu steht weiter oben bei der Eignung des Hundeführers mehr. Das Hauptproblem ist, wie schon mehrfach betont, die enorme Zeitbelastung, die nicht jeder aufbringen kann.

Bei der Rettungshundearbeit muss das Wohlergehen des Hundes auch immer im Vordergrund stehen.

Welche Hunderassen eignen sich?

Aus dem oben Gesagtem ergibt sich, dass es keine typische Rettungshunderasse gibt. Auf das Zusammenspiel mit dem Hundeführer kommt es an. Ein guter Hund und ein schlechter Hundeführer werden nie ein Team. Wenn beide dagegen eine mittlere Eignung mitbringen, kann daraus ein sehr gutes Team werden. Das Team ist immer nur so gut wie der schwächere Teil. Und natürlich eignet sich auch nicht jede Rasse für jeden Hundeführer. Manche kommen eher mit dem Charakter eines Deutschen Schäferhundes klar, andere bevorzugen Hunde vom Schlag eines Border Collies, der teilweise eine völlig andere Ausbildung benötigt. Jede Rasse, seien es Hütehunde oder Jagdhunde, haben Vor- und Nachteile, die der Hundeführer ausnutzen oder ausgleichen muss. Gebrauchshunderassen wie der Deutsche Schäferhund lassen sich meistens gut über den Beute- und Spieltrieb ausbilden und haben eine gute Bindung zu ihrem Hundeführer.

Der Labrador Retriever gehört zu den Hunderassen, die viel und erfolgreich als Rettungshunde eingesetzt werden.

Jagdhunde haben eine sehr gute Nase und eine starke Suchpassion. Wenn man einen Jagdhund dazu bringt, diese Passion nicht für Wild, sondern für die Suche nach Menschen einzusetzen, hat man einen sehr guten Suchhund. Aber nicht jeder Hundeführer kann einen Jagdhund führen. Und eigentlich gehören bestimmte Jagdhunderassen ausschließlich in Jägerhand.

Aber es gibt auch Jagdhunde, die nicht einen so großen Jagdtrieb haben und trotzdem über eine extrem gute Nase verfügen, wie zum Beispiel der Labrador und der Golden Retriever. Um diese Hunde zu führen, muss man kein Jäger sein, und sie lassen sich relativ leicht ausbilden.

Und man kann natürlich auch Mischlinge für die Rettungshundearbeit einsetzen. Je nachdem, aus welchen Rassen sich der Hund zusammensetzt, wird sich sein Charakter zeigen. Eine

Mischung aus einem Hüte- und einem Jagdhund (zum Beispiel Schäfer-Labi-Mix) ist sicher keine schlechte Wahl für einen Rettungshund.
Aber ob ein Hund wirklich für die Rettungshundearbeit geeignet ist, liegt daran, wie man ihn erzieht, wie man ihn behandelt, wie die Aufzucht beim Züchter war und natürlich auch an der Genetik, also seinen Erbanlagen. Das alles muss zusammenpassen und dann hat man einen guten Rettungshund.
Damit kommen wir zum Beginn dieses Kapitels zurück. Gibt es wirklich keine Rettungshunderasse? Nun, wenn man sich einmal die Rettungshundestaffeln Deutschlands ansieht, findet man überproportional viele Labrador Retriever und Border Collies. Diese Rassen scheinen sich besonders gut zu eignen. Aber sie müssen auch zum Hundeführer passen. Nur das zählt. Und sollte es doch einmal so sein, dass man es nicht schafft, die Ausbildung zum Rettungshund erfolgreich zu Ende zu bringen, darf man es dem Hund nicht übel nehmen. Er hat sicher sein Bestes gegeben und wird trotzdem nach wie vor der beste Freund des Menschen bleiben.

Die verschiedenen Sparten der Rettungshundearbeit

So, wie es ganz unterschiedliche Situationen gibt, in denen Menschen vermisst und oft nur mithilfe eines Rettungshundes gefunden werden können, gibt es auch verschiedene Sparten der Rettungshundearbeit. Dieses Buch beschäftigt sich ausschließlich mit der Flächensuche. Der Vollständigkeit halber werden die anderen Bereiche im Folgenden aber auch kurz vorgestellt.

Die Flächensuche

Die Flächensuche ist die häufigste Einsatzart für Rettungshunde. Dabei sucht der Rettungshund in der Regel unwegsames Gelände ab, vor allem Waldgebiete. Ein Suchhund kann hier ganze Suchketten von Menschen ersetzen. Der Zeitvorteil ist enorm und spielt bei Flächensuchen immer – vor allem im Winter – eine große Rolle.
Sehr häufig sind es vermisste ältere Menschen, die bei einer Flächensuche aufgefunden werden sollen. Da der Rettungshund sehr schnell flächendeckend große Waldgebiete absuchen

Die Flächensuche erfolgt meistens in einem Waldgebiet oder in unwegsamem Gelände.

kann, ist die Überlebenschance für die vermisste Person – vorausgesetzt, sie befindet sich tatsächlich in dem abgesuchten Waldgebiet – recht groß.
Der Hund zeigt bei der Flächensuche alle Personen an, deren typisches Bild er im Training gelernt hat. Das kann dann auch schon mal ein harmloser Spaziergänger sein. Da aber ein großer Teil der Flächensuchen nachts stattfindet, befinden sich meistens sowieso keine anderen Personen im Suchgebiet.

Die Trümmersuche

Der Rettungshund in der Trümmersuche ist wahrscheinlich allen Menschen aus den Medien bekannt, sei es bei Einsätzen in Erdbebengebieten im Ausland oder im Inland bei eingestürzten Häusern nach Gasexplosionen oder ähnlichen Einsatzlagen. Immer, wenn Menschen unter Trümmern verschüttet sind, kann man sie mit Trümmersuchhunden noch am schnellsten orten.

Bei der Trümmersuche darf der Rettungshund aus Sicherheitsgründen weder eine Halsung noch eine Kenndecke tragen.

Obwohl diese Art der Suche so bekannt ist, kommt sie für den Rettungshundeführer doch eher selten zum Einsatz. Im Normalfall erfolgt die Suche nach vermissten Personen im Wald.
Die Ausbildung zum Trümmersuchhund verlangt besonderes Feingefühl sowohl vom Ausbilder als auch vom Hundeführer. Ein Hundeführer muss seinen Hund gut „lesen“ können, das heißt, auch ohne Anzeige muss er erkennen, ob der Hund vielleicht eine schwache Witterung in der Nase hat, diese aber noch nicht genau einer bestimmten Stelle zuordnen kann.

In diesem Fall, aber auch im Fall einer klaren Anzeige, sollte man mit einem zweiten Hund immer noch einmal die Position überprüfen, damit die Rettungskräfte wirklich genau an der richtigen Stelle anfangen zu graben.
Bei der Trümmersuche wird ausschließlich das Verbellen als Anzeige genutzt. Im Idealfall scharrt der Hund auch an der Stelle, aus der die Witterung austritt. Dann wissen die Rettungskräfte ziemlich genau, wo die verschüttete Person liegt. Es sind übrigens längst nicht alle Hunde für die Trümmerarbeit geeignet. Neben einem blinden Verständnis zwischen Hund und Hundeführer ist Trittsicherheit auf wackeligen und unebenen Trümmerbergen absolut notwendig. Auch eine sehr gute Führigkeit ist wichtig. Der Hundeführer muss den Hund sehr genau aus der Distanz lenken können, einerseits, um das gesamte Gelände abzudecken, aber auch, um den Hund vor Gefahren schützen zu können, die er von seiner Position aus vielleicht nicht erkennt. Trotz der guten Führigkeit muss der Hund aber auch einen ausgeprägten Suchdrang haben, um sich durch den Hundeführer nicht von einer Witterung abrufen zu lassen.

Die Lawinensuche

Der Lawinensuchhund hat die Aufgabe, unter abgegangenen Lawinen nach Verschütteten zu suchen. Dabei ist der Zeitfaktor außerordentlich wichtig, da die Zeit, die ein Mensch unter einer Lawine überleben kann, noch sehr viel geringer ist als bei der Trümmersuche. Diese Hunde lernen nicht nur, Menschen zu suchen, sondern auch deren Gegenstände, da ein gefundener Rucksack oder eine Mütze in einem Lawinenfeld durchaus hilfreich sein kann, um die vermisste Person zu finden.

Die Lawinensuche erfordert eine spezielle Ausbildung, macht den Hunden in der Regel aber viel Spaß.

Auch Rettungshundeführern, die im Flachland leben, ist ein Lawinensuchhundekurs durchaus zu empfehlen. Diese Arbeit macht den Hunden außerordentlich viel Spaß und als Hundeführer lernt man seinen Hund in einer völlig ungewohnten Situation kennen und kann viel davon mit nach Hause nehmen.

Die Wassersuche

Bei der Wassersuche sucht der Hund von einem Boot aus nach Ertrunkenen. Er wittert den Leichengeruch, den er an der Wasseroberfläche aufnimmt. Dass so etwas überhaupt geht, finden viele Menschen immer wieder sehr erstaunlich, doch Wasser kann Geruch sehr gut weiterleiten.

Weil der Geruch nicht immer direkt nach oben steigt und auch durch Strömungen verteilt werden kann, ist der Hund in so einem Fall nicht unbedingt in der Lage, die genaue Stelle der vermissten Person anzuzeigen. Aber er kann auf jeden Fall eine sehr wertvolle Hilfe sein, um den Ort der Suche einzugrenzen. Durch die Hilfe von Wassersuchhunden konnten schon viele Ertrunkene geborgen werden.

Auch Landseer sind für die Wasserrettung geeignet, da sie hervorragende Schwimmer sind und genug Kraft besitzen, um einen Menschen aus dem Wasser zu ziehen.

Die Wasserrettung

Diese in Deutschland noch recht seltene Art der Rettungshundearbeit wird angewendet, um Ertrinkende zu retten. Dabei ist der Zeitfaktor natürlich extrem wichtig, weil sich selbst ein Schwimmer in einer Notsituation nicht lange über Wasser halten kann. Sind solche Hunde aber an Badestränden bereits vor Ort, können sie für den Ertrinkenden die letzte Rettung darstellen, weil sie schneller als ein Rettungsschwimmer in der Lage sind, zur Person herauszuschwimmen und sie zurückzubringen. Am meisten werden dafür Neufundländer und ähnliche Rassen eingesetzt, da sie hierfür aufgrund von Körperbau und Kraft am besten geeignet sind. Selbst das Absetzen von Hubschraubern wird mit diesen Hunden geübt. Diese Hunde können auch ein führerloses Boot ziehen und wieder an Land bringen.

Das Mantrailing

Bei dieser Art der Vermisstensuche folgt der Hund dem Individualgeruch der vermissten Person. Man benötigt dafür einen Geruchsträger und einen Abgangspunkt, an dem der Hund die Suche aufnehmen kann. Beides sollte so wenig wie möglich mit anderen menschlichen Gerüchen kontaminiert sein. Unter diesen Umständen ist die Chance groß, mit einem Mantrailer die vermisste Person zu finden.

Der Mantrailer kann auch an Orten suchen, die für Flächenhunde nicht geeignet sind, wie zum Beispiel Innenstädte. Oft verliert der Mantrailer die Spur an einer Bushaltestelle oder in einem Bahnhof, aber auch diese Information ist für die Behörden wichtig, um die Suche nach der vermissten Person weiter einzugrenzen. Deshalb werden diese Hunde in letzter Zeit immer häufiger angefordert.

Der Mantrailer wird anders als bei der Flächensuche durch den Individualgeruch eines Menschen angesetzt.

Die verschiedenen Anzeigearten

Wenn ein Rettungshund eine Person gefunden hat, zeigt er dies dem Hundeführer an. Das kann er auf unterschiedliche Art und Weise tun. Keine von ihnen ist besser oder schlechter als die anderen, jede hat ihre Vor- und Nachteile. Welche man nutzt, ist entweder Geschmackssache oder der Hund bietet es an, sich für eine zu entscheiden.

Verbellen

Die häufigste Art der Anzeige, die genutzt wird, ist das Verbellen. Dabei bleibt der Hund bei der gefundenen Person und verbellt diese, möglichst in gebührendem Abstand, bis der Hundeführer bei ihm ist. Der Hund darf die Person nicht bedrängen, obwohl es natürlich nicht ausgeschlossen ist, das sie sich erschreckt oder gar Angst hat, wenn plötzlich ein fremder Hund vor ihr steht und sie anbellt, auch wenn der Hund ihr dabei gar nicht besonders nahe kommt. Auf der anderen Seite kann aber auch eine Person, die gestürzt ist und nicht mehr hochkommt, durchaus wieder Mut fassen, wenn ein Hund bei ihr ist, vor allem, wenn dieser Hund eine Kenndecke trägt. Und normalerweise dauert es ja auch nicht lange und der Hundeführer taucht bei seinem Hund auf.

Zeigt der Hund durch Verbellen an, sollte er sich nicht ablenken lassen.

Ein Problem kann sein, dass man das Bellen seines Hundes nicht gleich hört. Obwohl kräftiges Bellen (Voraussetzung für die Ausbildung eines Hundes zum Verbeller) normalerweise weit trägt, vor allem in der Stille der Nacht, kann es unter widrigen Umständen (Regen prasselt auf den Helm oder Ähnliches) passieren, dass man seinen Hund nicht bellen hört. Man sollte sich schon regelmäßig versichern, wo sein Hund gerade ist, und wenn das Klingeln der Glocke an der Kenndecke nicht mehr zu hören ist, sollte man mal einen Moment in die Stille horchen, ob da jemand bellt. Rufen ist in so einem

Moment kritisch. Eigentlich sollte sich ein Rettungshund durch Rufen des Hundeführers nicht von der vermissten Person ablenken lassen, es kommt aber doch immer wieder mal vor.

Das Verbellen bietet sich bei Hunden mit einem kräftigen Bellen an. Dabei spielt es keine Rolle, ob der Hund über den Beute- oder den Fresstrieb ausgebildet wird. In beiden Fällen kann man gute Erfolge erzielen.

Freiverweisen

Eine seltenere Art der Anzeige ist das Freiverweisen, obwohl auch diese Methode allmählich immer häufiger zu beobachten ist. Dabei verbleibt der Hund nicht bei der gefundenen Person, sondern kehrt unmittelbar nach dem Finden zum Hundeführer zurück. Unter Umständen merkt die gefundene Person nicht einmal, dass der Hund bei ihr war. Der Hund zeigt dann bei der Rückkehr zum Hundeführer diesem an, dass er jemanden gefunden hat. Das kann durch Bellen, Anspringen des Hundeführers, Hinlegen oder verschiedene andere Verhaltensweisen erfolgen – je nachdem, was man dem Hund beigebracht hat. Ein erfahrener Hundeführer erkennt schon an der Art und Weise, wie der Hund auf ihn zukommt, ob dieser erfolgreich war.

Der Hund führt den Hundeführer dann zur gefundenen Person, entweder an der Leine oder ohne. Dabei läuft der Hund immer ein paar Meter vor dem Hundeführer und weist diesem den Weg. Oder er pendelt zwischen dem Hundeführer und der gefundenen Person hin und her. Ohne Leine zur gefundenen Person zurückzulaufen, empfiehlt sich bei schnellen und temperamentvollen Hunden, die den Hundeführer sonst im Dunkeln an der Leine durch einen fremden Wald ziehen, was nicht ganz ungefährlich sein kann. Diese Methode sieht sehr eindrucksvoll aus, wenn man es beobachtet, und ist gar nicht so schwer dem Hund beizubringen, wie man vielleicht denkt.

Beim Freiverweis zeigt der Hund dem Hundeführer wie hier durch Bellen oder andere Verhaltensweisen an, dass er jemanden gefunden hat.

Natürlich hat auch der Freiverweis seine Nachteile. Einem Hund, der die vermisste Person wieder verlässt (das muss er ja zwangsweise) kann auf dem Rückweg zum Hundeführer allerlei passieren. Vom wechselnden Wild bis zur Schwierigkeit, seinen Hundeführer im Dunkeln erst mal zu finden, hat es da schon die interessantesten Zwischenfälle gegeben. Dabei kann es sein, dass der weiträumig suchende Hund eine Weile braucht, um zu seinem Hundeführer zurückzukommen und dann nicht sicher und unmittelbar zur gefundenen Person zurückfindet.
Und hat sich die gefundene Person in der Zwischenzeit von seinem Fundort entfernt, was zwar nicht oft, aber doch vorkommen kann, muss der Hund ein zweites Mal angesetzt werden, um die Person wiederzufinden. So etwas passiert einem Verbeller nicht.
Außerdem wurde schon öfter beobachtet, dass gerade sensible Hunde die Anspannung ihres Hundeführers bemerken (vor allem in Prüfungen) und deshalb aus einer Übersprungreaktion heraus eine Anzeige beim Hundeführer machen, obwohl sie niemanden gefunden haben. In einer Prüfung fällt man damit durch. Im Einsatz kann das den Hundeführer völlig verwirren, weil er nicht genau weiß, was eigentlich gerade passiert ist.
Alles in allem ist aber auch der Freiverweis eine gute Anzeigeart, die für die gefundene Person natürlich besonders angenehm ist, da kein laut bellender Hund plötzlich vor ihr steht. Das ist ein Vorteil, der keineswegs zu unterschätzen ist. Und für manche Hunde ist es aufgrund ihres Charakters auch durchaus zu empfehlen, auch wenn der Hund mit dem Bellen an sich keine Probleme hat.

Apportierfreudige Jagdhunde sind besonders für den Bringselverweis geeignet.

Beim Bringselverweis nimmt der Hund das Bringsel in den Fang, sobald er eine Person gefunden hat.

Bringselverweis

Die dritte Anzeigeart in der Flächensuche ist der Bringselverweis. Dabei trägt der Hund ein herabhängendes Lederstück am Halsband. Dieses nimmt er selbstständig in den Fang, wenn er eine Person gefunden hat, und kehrt so zum Hundeführer zurück. Der Hund braucht nun beim Hundeführer nicht noch einmal speziell anzuzeigen. Die Tatsache, dass er sein Bringsel im Fang trägt, liefert dem Hundeführer die nötige Information und er lässt sich von seinem Hund zur Person führen.

Das Bringseln ist die urtümlichste Verweisart von Rettungshunden und stammt noch aus der Zeit, als man Rettungshunde beim Militär einsetzte und sie als Sanitätshunde bezeichnete. Ihre Aufgabe war es, Verwundete auf Schlachtfeldern zu finden.

Ansonsten gelten für den Bringsler die gleichen Vor- und Nachteile wie für den Freiverweiser, vor allem die für die vermisste Person angenehme Art des Verweises muss auch hier hervorgehoben werden.

Das Bringseln eignet sich naturgemäß besonders für Hunde, die gern apportieren, wie zum Beispiel verschiedene Jagdhunderassen.

Gehorsam als Voraussetzung

Der Gehorsam ist eine Grundvoraussetzung für jede Arbeit mit dem Hund, natürlich auch für die Rettungshundearbeit. Dieser Aspekt wird von vielen Rettungshundeausbildern leider vernachlässigt, obwohl er für das Bestehen der Rettungshundeprüfung (gleich, nach welcher Prüfungsordnung man sich prüfen lässt) mehr oder weniger wichtig ist. Leider sieht man oft noch veraltete Methoden, die zwar funktionieren, aber weder dem Hund noch dem Hundeführer Spaß machen. Bevor wir also zu der speziellen Ausbildung zur Flächensuche kommen, wird hier deshalb eine kurze Darstellung einer Methode gezeigt, die ausschließlich über Motivation funktioniert und deshalb einen Hund hervorbringt, der freudig in die Unterordnungsübungen geht.

GRUNDSÄTZLICHES

Eindeutig festgelegte Kommandos in der immer gleichen Aussprache erleichtern dem Hund durch ständige Wiederholung die Ausführung dieser Hörzeichen. Der Hundeführer sollte sich während der Arbeit auf diese Worte beschränken. Kommandos wie „Fuß“, „Sitz“, „Platz“, „Steh“, „Hier“ und „Voraus“ werden dadurch eindeutig, ebenso das Abbruchsignal „Nein“ als festes Hörzeichen bei Fehlverhalten und das Kommando „Lauf“ (oder etwas Ähnliches) für das Auflösen eines Kommandos. Manche sagen dabei auch ein Wort, das das Versprechen auf eine spätere Belohnung beinhaltet, ähnlich wie beim Klickern. Auch dieses Wort sollte immer in der gleichen Art und Weise benutzt werden.

Bei-Fuß-Gehen mit Futtertreiben

Mit dem Prinzip des Futtertreibens, das seit einiger Zeit bekannt und von vielen erfolgreich angewendet wird, bringt man dem Hund auf eine genial einfache, völlig konfliktfreie Weise die Grundprinzipien des Bei-Fuß-Gehens bei. Der Hund glaubt bei dieser Methode, er sei der Agierende und würde den Hundeführer vor sich hertreiben. Das verstärkt die Motivation des Hundes und führt zu einem verstärkten Selbstbewusstsein. Dass es eigentlich anders ist, durchschaut der Hund nicht, und das ist gut so. Da wir für diese Methode den Futtertrieb des Hundes nutzen, ist der Hund die ganze Zeit höchst motiviert und wir können ihm mühelos das Gewünschte beibringen.

Während der gesamten Anfänge werden die Kommandos, die wir für den Gehorsam benötigen, nicht ausgesprochen. Wir belegen erst eine Übung mit dem richtigen Kommando, wenn sie vom Hund verstanden und mehrfach korrekt ausgeführt wurde. Wir dirigieren den Hund anfangs nur mit Körperbewegungen in die richtige Position. Hilfen für den Hund werden nur über unsere Körpersprache gegeben.

Beim Futtertreiben darf der Hund nicht sehen, wo das Futter herkommt.

Für diese Übung benötigt der Hundeführer eine Menge Futter, und zwar möglichst kein hartes. Fleischwurststückchen, Käse oder Ähnliches eignen sich dafür gut; an Trockenfutter könnte sich der Hund dagegen bei dieser Arbeit verschlucken und zu husten beginnen. Der Hundeführer benötigt einen Behälter, aus dem er schnell Futter in seiner Hand nachfüllen kann, am besten ist eine große Tasche in seiner Jacke oder Weste.

Gerade in der Anfangszeit sollte der Hund nicht mitbekommen, dass Futter aufgefüllt wird und wo es herkommt. Für den Hund sollte der Eindruck entstehen, dass die Hände unermüdlich Futter produzieren. Deshalb sollte man sich nach dem Auflösesignal so vom Hund wegdrehen, dass er das Auffüllen der Hände mit Futter nicht sieht.

Ausführung des Futtertreibens

Die Arbeit mit der Futterhand ist für Hund und Hundeführer relativ anstrengend, deshalb sollte keine Übung mehr als drei bis vier Minuten dauern. Dafür kann man sie natürlich mehrere Male am Tag wiederholen. Bei erfahrenen Hunden kann die Arbeitszeit dann langsam gesteigert werden. Sinnvoll ist es auch, diese Übung auf einem ebenen Gelände wie zum Beispiel einer Wiese oder einem geraden, breiten Weg durchzuführen, da sich der Hundeführer in dieser Phase viel rückwärts bewegen muss.

Man beginnt damit, dass der Hundeführer beide Hände voll Futter hat, zusätzlich hält er in der linken Hand die Leine. In einem eingezäunten Gelände kann auch auf die Leine verzichtet werden, bis man selbst mit der Ausführung des Futterlenkens ein wenig geübter ist.

Nun hält man beide Hände zusammen vor den Körper auf der Höhe des Hundekopfes. Dann bewegt man sich langsam rückwärts und füttert seinen nachfolgenden Hund ständig aus der Hand, indem man dem Hund erlaubt, sich ein Stückchen Futter nach dem anderen aus der Hand zu nehmen. Ein hungriger Hund wird die ganze Zeit über an der Hand kleben. Es werden Richtungswechsel eingebaut und der Hund wird mit der Stimme für sein Verhalten gelobt. Das motiviert den Hund noch mehr und lässt seinen Vorwärtsdrang in Richtung des Hundeführers noch stärker werden. Man kann auch zwischendurch die Hände höher halten, damit der Hund hochspringen muss, um an sein Futter zu kommen.

Bevor dem Hundeführer das Futter ausgeht, greift er mit einer Hand in seine (hoffentlich griffbereite) Tasche und holt neues Futter heraus, während die andere Hand weiterfüttert. Ideal ist es dann, wenn man in der rechten und linken Tasche Futter hat, um schnell auffüllen zu können. Das Futter darf nicht ausgehen; der Hund sollte ständig mit seinem Kopf an einer gefüllten Futterhand sein, damit es keinen plötzlichen Futterabriss gibt, der einen jungen Hund dazu verführen könnte, sich für andere Dinge zu interessieren. Wenn der Hund nach mehreren Trainingseinheiten guten Druck in Richtung des Hundeführers gezeigt hat, macht man gelegentliche Tempowechsel, um nun absichtlich einen kurzen Futterabriss zu erzeugen. Der Hund wird schnell folgen, denn der Drang zur Futterhand sollte bereits sehr stark sein. Dann wird er sofort wieder dafür belohnt werden.

DIE RICHTIGE FUTTERMENGE

Da der Hund während dieser Übung eine volle Mahlzeit bekommt, kann anschließend eine Mahlzeit ausgelassen werden. Außerdem sollte er auch hungrig zur Übung kommen, also nicht unbedingt vorher gefüttert werden.

Durch das Futtertreiben wird der Drang, sich dicht am Hundeführer zu orientieren und ihm zu folgen, verstärkt.

Der Hund sollte immer mit einer Hand weitergefüttert werden, wenn die andere aufgefüllt wird, damit es nicht zu einem Futterabriss kommt.

Ablenkung beim Futtertreiben

Ein Junghund macht häufig noch einmal eine schwierige Phase durch, in der er scheinbar das Erlernte wieder vergessen hat und sehr leicht ablenkbar ist. Das ist normal. Ein Junghund testet seine Grenzen aus und muss in dieser Phase lernen, dass er trotz allem seinen Job weiterhin so machen muss wie zuvor.

Zu diesem Zweck provozieren wir eine Ablenkung, zum Beispiel ein Geräusch wie Händeklatschen einige Meter entfernt. Während des Futtertreibens (wichtig ist dabei, dass der Hundeführer den Hund auch an der Leine hält) macht nun jemand dieses Geräusch. Wenn der Hund sich nun ablenken lässt, bekommt er einen leichten Ruck mit der Leine. Sollte der Hund stehen geblieben sein, kommt dieser Ruck automatisch, da der Hundeführer sich ja weiter im Rückwärtsgang befindet. Der Ruck ist nur dazu da, wieder die Aufmerksamkeit des Hundes zu bekommen. Er kann daher sehr schwach sein. Wichtig ist, dass der Hund danach sofort wieder an die Futterhand geht und das Futtertreiben fortsetzt. Sobald der Hund wieder an der Futterhand klebt, wird er verbal gelobt. Die Korrektur wird dadurch für den Hund positiv belegt.

Korrekte Fußposition

Man kann mit dem Futtertreiben dem Hund von vornherein die korrekte Fußposition zeigen. Er lernt sie vom ersten Augenblick an richtig und kommt gar nicht erst auf die Idee, schräg zu sitzen oder mit zu viel Abstand zu laufen.

Während des Futtertreibens lässt man sich nun die linke Hand vom Hund leer fressen, sodass man nur noch die Leine in der Hand hält. Übergangslos füttert man den Hund mit der rechten Hand weiter. Klebt der Hund gut an der rechten Hand, kann der Hundeführer sich so in Richtung Hund umdrehen, dass sich dieser in der richtigen Fußposition befindet (links neben dem Hundeführer). Dabei muss man die rechte Hand weit nach links halten. Die rechte Hand hält die ganze Zeit Kontakt mit dem Hund, damit er in der richtigen Position an der Seite des Hundeführers bleibt.

Aus der korrekten Fußposition sollte sich der Hund auch nicht durch Lärm und andere Personen ablenken lassen.

Mit der nun beschäftigungslosen linken Hand hält man nicht nur die Leine, sondern man hält die Hand wie eine Scheuklappe links neben den Kopf des Hundes. Dies alles muss flüssig aus der Bewegung passieren. Damit bringt man den Hund dazu, geradlinig neben dem Hundeführer herzulaufen. Außerdem schränkt es das Sichtfeld des Hundes ein, sodass Ablenkungen weniger zu einer unpräzisen Haltung führen können. Bevor das Futter in der rechten Hand ausgeht, löst man die Übung mit seinem Auflösungssignal auf. Nun kann man in aller Ruhe neues Futter in die Hände nehmen und von vorn beginnen. Es ist wichtig, dass in den Taschen nach Futter gesucht wird, während der Hund in der korrekten Fußposition ist, da ihn dies nur unnötig ablenkt. Der Hund darf niemals sehen, dass Futter aus der Tasche geholt wird. Er soll glauben, die Menge Futter in der Hand sei unendlich groß.

Sollte der Hund dennoch in der Fußposition abgelenkt sein, dreht man sich aus dieser Position heraus und fährt mit dem normalen Futtertreiben im Rückwärtsgehen fort. Dadurch verspürt der Hund automatisch einen leichten Zug am Halsband. Er wird korrigiert und ist wieder aufmerksam an der Futterhand – und gleich loben, wenn er wieder da ist. Auch hier bekommt er natürlich sofort wieder Futter für die richtige Position.

Keinesfalls darf der Hund in diesem Stadium einen Ruck in der korrekten Fußposition bekommen. Sowohl die richtige Position als auch das Kommando „Fuß" sollen für den Hund eine positive Bedeutung haben. Da Korrekturen aber manchmal unerlässlich sind, bekommt er diese nur beim Futtertreiben.

Abbau der Handhilfe

Wenn der Hund nun problemlos an der Futterhand klebt, wird auch hier diese Hilfe abgebaut. Einen kurzen Futterabriss kennt der Hund schon vom Futtertreiben (siehe oben). Nun wird auch in der Fußposition (also im Vorwärtsgehen)

a

b

Beim Abbau der Handhilfe wird die Zeit, in welcher kein Kontakt zur Hand besteht, immer weiter verlängert (a). Schaut der Hund weiter zum Hundeführer hoch, wird er sofort wieder bestätigt (b).

die rechte Hand kurz nach oben Richtung linke Schulter genommen, sodass der Hund für einen Moment keinen Kontakt zur Hand mehr hat. Schaut der Hund trotzdem weiterhin den Hundeführer an, kehrt die Hand sofort zurück und bestätigt ihn dafür.

Der Zeitraum, indem der Hund keinen Kontakt zur Hand mehr hat, wird nun kontinuierlich erhöht. Dabei ist es ganz wichtig, dass der Zeitraum ohne Kontakt am Anfang sehr kurz ist, am besten nur der Bruchteil einer Sekunde. Bevor das Futter in der rechten Hand ausgeht (die linke Hand ist ja an der linken Seite des Hundekopfes und sorgt für eine korrekte Position), wird das Kommando aufgelöst, sodass man in Ruhe die Hand wieder auffüllen kann.

Verbale Kommandos werden jetzt nur eingebaut, wenn der Hund die korrekte Position hat und hält. Wichtig ist, dass das Kommando im richtigen Moment kommt. Zuerst gibt man das Kommando „Fuß“ und dann geht die erhobene Futterhand wieder herunter zum Hund. Richtiges Verhalten wird mit dem richtigen Kommando belegt.

Bei-Fuß-Gehen ohne Handhilfe

Nun wird die Hilfe mit der Hand komplett abgebaut. Dies ist für Hund und Hundeführer aus der Grundstellung heraus am einfachsten, also erst mal nicht aus der Bewegung. Dabei steht der Hundeführer mit Handhilfe (rechte Hand mit Futter) neben seinem Hund. Der Hund sollte für die korrekte Position gelegentlich bestätigt werden.

Beim Abbau der Handhilfe bewegt sich die rechte Hand nun hinauf zur linken Schulter (a), von dort zur rechten Schulter (b) und von dort aus nach unten (c), wo die Hand beim Bei-Fuß-Gehen später sein soll.

Für die Bestätigung gehen wir den gleichen Weg mit der Hand – über die rechte zur linken Schulter nach unten zum Hund.
Der Hund bekommt die Bestätigung immer nur, wenn die Hand von der linken Schulter nach unten kommt. Dieser kompliziert erscheinende Weg hat den großen Vorteil, dass der Hund nicht um die Ecke schaut und vorprellt, wie es geschehen würde, wenn man den Hund direkt von rechts kommend über den Bauch des Hundeführers hinweg bestätigt.
Sollte der Hund bei dieser Übung der Hand hinterherschauen oder anderweitig abgelenkt sein, erfolgt eine kurze Korrektur mit der linken Hand, in der sich ja die Leine befindet, nach oben. Es soll nur ein leichter Zug an der Leine sein, unter Umständen auch mehrere schnell hintereinander, um wieder die Aufmerksamkeit des Hundes zu bekommen. Es ist wie ein Antippen an der Schulter bei einem unaufmerksamen Menschen!
Ein starker Ruck wird während der gesamten Ausbildung nach dieser Methode nicht benötigt. Gleichzeitig mit der Korrektur wird der Hund mit freundlichen Tönen gelobt (positive Belegung!). Danach kommt für die korrekte Position und Kopfhaltung wieder die Bestätigung über die linke Schulter nach unten. Nach einigen Wiederholungen und wenn man mit der Ausführung zufrieden ist, erfolgt die gesamte Übung dann in der Bewegung. Mit dieser Art der Bestätigung lernt der Hund, trotz Futtergabe in der richtigen Position zu bleiben. Wenn sich das Futter in der rechten Hand dem Ende zuneigt, löst man die Übung mit dem Auflösesignal wieder auf.
Der Hund wird nun unterschiedlich oft für die Einhaltung der richtigen Position bestätigt. Nimmt der Hundeführer zum Beispiel drei Futterbrocken in die Hand, kann er ihn dreimal für die richtige Position bestätigen. Hält der Hund die gewünschte Position weiter bei, wird das Kommando mit dem Wort aufgelöst, dem eine Belohnung folgt (wie beim Klickern), und man kann den Hund nun auch mit einem Spielzeug bestätigen. Sollte man dieses tun, darf während der Übung das Spielzeug nicht sichtbar für den Hund am Hundeführer angebracht sein.
Auch hier wird das verbale Kommando „Fuß“ erst benutzt, wenn man mit der Ausführung zufrieden ist.

Sitz, Steh und Platz

Wie in allen Übungen werden die ersten Schritte für diese Gehorsamsübungen in einer reizarmen Umgebung durchgeführt. Mit solchen Übungen gleich auf einem Hundeplatz zu beginnen unter Ablenkung durch andere Hunde, ist viel schwerer. Wir beginnen lieber zu Hause, ohne jede Ablenkung.

Die Anfänge mit der Futterhand

Wenn der Hund vor einem steht, hält man ihm die Hand mit dem Leckerchen vor die Nase. Dann geht man mit der Hand langsam nach oben, um den Hund durch Körpersprache in die Sitzposition zu dirigieren. Man kann durchaus mit der Hand auf der Kruppe sanft mithelfen, um ihn in die richtige Position zu bringen. Natürlich bekommt der Hund dafür seine Belohnung.

Befindet sich der Hund in der Sitz-Position, wird die Hand schräg nach vorn gehalten (a). Durch etwas Unterstützung mit der anderen Hand begibt sich der Hund in die Steh-Position und wird dafür bestätigt (b). Nun geht man mit der Futterhand nach unten, um den Hund ins Platz zu bringen (c). Dabei kann mit leichtem Druck auf den Widerrist nachgeholfen werden, falls erforderlich.

OHNE WORTE!

Dies alles geschieht ruhig und ohne Worte. Es gibt keine verbalen Befehle; es wird nur mit Körpersprache gearbeitet, die der Hund sowieso besser versteht als das gesprochene Wort.

Im nächsten Schritt bekommt der Hund seine Belohnung nicht sofort, wenn er das Gewünschte ausgeführt hat. Das sieht dann folgendermaßen aus:

Befindet er sich im Sitz, geht die Hand etwas in die Höhe und kommt nach einigen Sekunden zurück, um dem Hund das Leckerchen zu geben. Dadurch lernt der Hund, die gewünschte Position länger beizubehalten und in Spannung zu bleiben.

Beim Steh wird die Hand etwas nach vorn bewegt und kommt dann zurück, um den Hund zu bestätigen.

Beim Platz geht die Hand nach unten und verbleibt dort, bis der Hund liegt, und geht dann ebenfalls nach vorn und wieder zurück zum Hund. Dies alles geschieht in möglichst ruhiger Atmosphäre und ohne Stress und hektische Bewegungen.

Wenn der Hund schließlich auf die Bewegungen der Futterhand reagiert,

kommt das gesprochene Kommando hinzu. Wenn der Hund sitzt, geht die Futterhand nach oben, das Kommando „Sitz“ erfolgt und die Hand geht zurück zum Hund, um ihn mit dem Leckerchen zu belohnen. Das Gleiche wird entsprechend für die Kommandos „Platz“ und „Steh“ ausgeführt.
Die Futterhand darf nicht zu langsam zum Hund zurückkommen, da sonst gerade am Anfang die Gefahr besteht, dass der Hund seine Position verlässt und der Futterhand entgegengeht, was natürlich nicht gewünscht ist.
Wenn der Hund die gesprochenen Kommandos ohne Ablenkung ausführt, geht man zum nächsten Schritt über. Man begibt sich auf eine Wiese oder einen Hundeplatz und wiederholt die Übungen dort, aber immer noch ohne Ablenkung durch andere Hunde oder sonstige Verführungen.

Abbau der Futterhand

Klappen diese Übungen an verschiedenen Orten, baut man die Hilfe mit der Hand ab. Wir stellen uns eine Dose mit Leckerchen auf einen Tisch oder eine andere Erhöhung, an die der Hund nicht herankommt. Nun wird vom Hund das Kommando „Sitz“ verlangt, ohne eine Bewegung mit der Hand zu machen. Führt der Hund diesen Befehl anstandslos aus, wird er sofort verbal belohnt mit „Gut gemacht“ oder etwas Ähnlichem. Gleichzeitig greifen wir zur Futterdose, nehmen ein Leckerchen und bestätigen den Hund damit.
Dasselbe passiert nun auch mit „Platz“ und „Steh“. Führt der Hund das Kommando nicht korrekt aus, sagt man deutlich „Nein“, dreht sich weg und fängt noch mal ganz ruhig mit der Übung an. Es ist völlig unnötig, mit dem Hund zu schimpfen.

Das Kommando auflösen

Bisher wurde ein Kommando immer durch ein anderes abgelöst. Im nächsten Schritt wird erreicht, dass ein Kommando aufgehoben und nicht durch ein neues Kommando ersetzt wird, sondern ein Auflöskommando erfolgt.
Hat der Hund also das Kommando „Sitz“ ausgeführt, wird es diesmal mit dem Wort „Lauf“ oder einem ähnlichen Kommando aufgelöst und der Hund kann sich frei bewegen und tun, was er will. Beim Kommando „Lauf“ bewegt man sich einige Schritte vom Hund weg. Der Hund versteht dann meist sehr schnell, dass er jetzt frei von einem Kommando ist und sich nach Belieben bewegen darf.
Genauso wird es mit den Kommandos „Platz“ und „Steh“ durchgeführt. Ist man bis hierher zufrieden, erhöht man im nächsten Schritt die Entfernung zum Hund nach dem Kommando. Erst geht man nur wenige Schritte weg, kommt dann zurück, bestätigt ihn und löst das Kommando auf. Im Laufe der Zeit wird die Entfernung dann immer mehr vergrößert bis auf mindestens 20 Schritte, besser wären natürlich noch mehr.

Sitz, Steh und Platz aus der Bewegung

Nun werden die drei soeben erlernten Kommandos mit dem bereits erlernten „Fuß“ kombiniert. Wie im Absatz „Bei-Fuß-Gehen ohne Handhilfe“ beschrieben, geht man mit dem Kommando „Fuß“ los. Nach einigen Schritten kommt das Kommando „Sitz“, und zwar in dem Moment, in dem der linke Fuß vorn und damit nahe beim Hund ist. Dadurch verbindet der Hund ein Hörkommando auch gleich mit der Körpersprache aus der Bewegung heraus. Später wird sich der Hund selbstständig hinsetzen, wenn man stehen bleibt. Durch das linke Bein in seiner Nähe wird es ihm einfacher gemacht.

Sitz aus der Bewegung.

Sitzt also nun der Hund nach dem Hörkommando neben dem Hundeführer, stellt sich dieser mit einer Bewegung vor seinen Hund. Nach kurzer Zeit geht er zurück in die Grundstellung und gibt dem Hund ein verdientes Leckerchen, verbunden mit einem verbalen Lob (oder einem Klicker, was natürlich auch geht).
Steht der Hund jedoch auf, kommt ein eindeutiges „Nein“ vom Hundeführer. Dieser bringt den Hund dann zurück in die korrekte Position und die Übung wird wiederholt. Das Zurückbringen an die ursprüngliche Position sollte mit der rechten Hand ausgeführt werden, und zwar an der rechten Körperseite des Hundeführers, damit die linke Seite, die „Fuß“-Seite, nicht negativ belegt wird. Für eine Korrektur bekommt der Hund natürlich keine Belohnung.

Ähnlich verläuft es beim Steh-Kommando, aber mit einem wichtigen Unterschied: Hier wird das Kommando „Steh“ gesagt, wenn gerade der rechte Fuß vorn ist. Der Hundeführer stellt sich vor den Hund, wartet einen Moment und geht zurück in die Grundstellung. Aber beim „Steh“ ist es wichtig, die Rückwärtsbewegung des Hundes zu bestätigen, damit dieser nicht auf die Idee kommt, dem Hundeführer zu folgen. Dies macht man am besten, indem man das Kommando auflöst, einen Schritt nach hinten geht und dem Hund dann, wenn er einem folgt, das Leckerchen gibt.

Das „Platz“ funktioniert dann wieder wie bei der Sitz-Übung, nur mit dem Unterschied, dass hier auch das Kommando erfolgt, wenn der rechte Fuß vorn ist. Auch hier verbindet der Hund eine Körperbewegung mit einem Kommando. Der Hundeführer stellt sich wieder vor den Hund, kehrt zurück, lobt ihn mit einem „Gut“ und belohnt ihn.

Alle diese Übungen dehnt man nun aus, indem man sich weiter vom Hund entfernt. Anfangs deutet man das Vor-den-Hund-Stellen noch an, geht dann aber sofort weiter, anfangs aber nur langsam, um den Hund nicht unnötig zum Hinterherkommen zu verführen.

Steh aus der Bewegung.

Platz aus der Bewegung.

Das Kommando „Hier“

Beim Kommando „Hier“ soll sich der Hund unmittelbar vor den Hundeführer setzen, und zwar gerade. Anschließend wird in der Regel der Hund mit dem Kommando „Fuß“ in die Grundstellung gebracht. Auch bei diesem Kommando wird zunächst ohne einen laut ausgesprochenen Befehl geübt. Das Kommando „Hier“ wird erst gegeben, wenn der Hund die Übung beherrscht.

„Hier“ – aus dem Platz heraus

Der Hund liegt einen Schritt vor dem Hundeführer, das linke Bein des Hundeführers ist zum Hund vorgestellt, beide Hände sind wie beim Futtertreiben mit Futter gefüllt. Nun geht der Hundeführer mit dem linken Bein zurück, sodass er gerade steht. Dabei hat er die Futterhände vor dem Körper. Diese Position erkennt der Hund aus dem Futtertreiben und wird zu den Futterhänden aufstehen. Ist der Hund an den Futterhänden, zieht man diese direkt mittig am Körper etwas nach oben und der Hund setzt sich gerade korrekt vor.

Mithilfe der Futterhände kann man erreichen, dass der Hund sich gerade und korrekt vor den Hundeführer setzt.

„Hier“ – aus der Bewegung heraus

Aus der Fußposition heraus geht der Hundeführer plötzlich ein paar Schritte rückwärts und da der Hund ja an der Leine ist, folgt er automatisch. Dann bleibt der Hundeführer stehen und gibt das Kommando „Hier“, worauf sich die meisten Hunde sofort vor den Hundeführer setzen. Sie kennen es ja schon, sich hinzusetzen, wenn der Hundeführer stehen bleibt, auch wenn es sonst aus einer etwas anderen Position heraus erfolgt. Es folgen wieder das lobende Wort als Auflösung und die Bestätigung. Auch wenn es viele als wenig appetitlich empfinden, ist es am einfachsten, dem Hund das Lecker-

chen aus dem Mund heraus zukommen zu lassen, weil nur so der Hund wirklich gerade vor einem sitzt und nicht die Leckerchen-Tasche anstarrt.
Diese Übung wiederholt man einige Male und wenn es gut klappt, übt man es aus der Platz-Position des Hundes heraus, vergrößert aber dabei die Entfernung. Auch hier muss die Entfernung letztendlich mindestens 20 Meter betragen, im Training besser noch mehr.

Einnehmen der Grundstellung

Wenn das „Hier“ aus allen Positionen gut klappt und der Hund gerade vorsitzt, übt man das Herumkommen um den Hundeführer in die Fußposition. Dazu hat man ein Leckerchen in der rechten Hand und lockt den Hund damit rechts um den Hundeführer herum. Dort erwartet den Hund die linke, ebenfalls mit Leckerchen bestückte Hand und zieht ihn damit mit einer Handbewegung ganz herum in die Grundstellung.

Es folgt wie immer das lobende Wort und das Leckerchen. Dieses Herumlocken macht man aber nicht jedes Mal, wenn man „Hier“ übt. Manchmal, wenn der Hund vor einem sitzt, stellt sich auch der Hundeführer neben den Hund in die Grundstellung. So lernt der Hund, auf das verbale Kommando „Fuß“ zu warten und nicht selbstständig um den Hundeführer herumzulaufen.

Auch hier erfolgt das Fuß-Kommando zum Einnehmen der Grundstellung erst, wenn der Hund diese Übung beherrscht. Wenn auch viele Rettungshunde in der Prüfung heute das Vorsitzen nicht mehr benötigen, sollte man sich überlegen, ob man es nicht doch übt. Vielleicht will man ja mal eine Begleithundeprüfung ablegen und dort wird es gebraucht.

Einnehmen der Grundstellung aus dem Vorsitzen.

Das Kommando „Voraus“

Beim Kommando „Voraus“ soll der Hund in die angezeigte Richtung laufen, und zwar so lange, bis er ein anderes Kommando bekommt, wie zum Beispiel „Platz“ oder „Steh“. Das ist für die Rettungshundearbeit besonders wichtig, wie später noch näher erklärt wird.

Die Anfänge des „Voraus“

Am einfachsten ist es, mit dieser Übung auf einem Weg zu beginnen. Dazu legt man einen Ball auf den Weg. Der Hund befindet sich dabei neben einem, denn er soll den Ball ja sehen. Dann entfernt man sich etwa 10 Meter, zeigt mit der Hand in Richtung Ball und lässt den Hund mit dem Kommando „Voraus“ losrennen. Dann ruft man ihn zurück beziehungsweise lässt ihn zurückkommen und freut sich mit ihm über das Erfolgserlebnis. Die Distanz kann nun rasch vergrößert werden, weil dem Hund diese Arbeit viel Spaß macht. Auch 100 Meter sind hierbei kein Problem, aber anfangs sollte dies immer auf einem Weg geübt werden.

Mit Leckerchen kann man diese Übung auch aufbauen. Das bietet sich besonders bei Hunden an, die ohnehin schon mit Futterbelohnungen ausgebildet wurden. Dann sollte man aber darauf achten, dass der Hund ein klares Ziel hat. Dazu legt man das Futter in eine Dose, in einen Futterdummy oder auf einen Bierdeckel. Leichter ist diese Übung allerdings, wenn dafür ein Ball verwendet wird.

Nun kann man im nächsten Schritt beim Spazierengehen mit dem Hund den Ball unauffällig auf dem Weg fallen lassen, weitergehen und nach einiger Entfernung den Hund mit „Voraus“ zurückschicken. Die Distanz sollte in diesem Schritt erst mal wieder verkürzt werden, da das für den Hund ja eine neue Situation ist. Aber auch das wird er schnell begreifen und man kann die Distanz wieder erhöhen.

Diese Übung lässt sich auch mit mehreren Bällen durchführen, indem man alle 20 Meter einen Ball fallen lässt und den Hund immer wieder losschickt, um einen nach dem anderen zu holen. Das wird allerdings mit der Zeit immer schwieriger, weil der Hund den Hundeführer sehr aufmerksam beobachten wird, um den Augenblick des Zurücklaufens ja nicht zu verpassen.

Die letzten Schritte im „Voraus“

Beherrscht der Hund die Grundübungen kann man auf einen Hundeplatz oder eine Wiese gehen und das Voraus ohne die Hilfe eines Weges trainieren. Man könnte nun zum Beispiel den Hund mit einem „Hier“ vorsitzen und mit einem „Fuß“ in Grundstellung kommen lassen. Hat er diese eingenommen, lässt man

DER BEZUG ZUR RETTUNGSHUNDEARBEIT

Diese Übung kann man übrigens auch direkt ins Rettungshundetraining integrieren, aber diesmal mit Helfern. Mehrere Helfer legen sich entlang eines Weges hin, und zwar jeweils mit einem Abstand von 20 bis 30 Metern oder mehr. Der Hund sollte hierbei allerdings mit einem anderen Kommando losgeschickt werden, also nicht mit „Voraus“ sondern zum Beispiel mit „Voran“ mit Betonung auf der letzten Silbe. Der Hund wird immer zum nächsten Helfer rennen, ihn anzeigen und dann mit dem Helfer zum Hundeführer zurückkommen. Dieser schickt ihn dann wieder den Weg entlang zum nächsten Helfer. Der letzte kann ruhig 200 Meter oder mehr entfernt sein.

Das „Voraus“ ist bei der Rettungshundearbeit am besten mit mehreren Helfern zu üben, die nacheinander vom Hund angezeigt werden sollen.

Ziel dieser Übung ist es, den Hund im Einsatz oder in der Prüfung einen Weg oder eine Grundlinie absuchen zu lassen. Bekommt der Hund auf dem Weg Witterung von einem Helfer, der nicht direkt am Weg liegt, sondern ein paar Meter im Wald, wird er den Weg verlassen und zum Helfer laufen. Dies widerspricht zwar eigentlich dem gegebenen Kommando, aber von einem Rettungshund wird ja intelligenter Ungehorsam in solchen Situationen erwartet. Damit kann man unter Umständen, wenn der Wind einigermaßen günstig steht, ein großes Suchgebiet schnell abdecken.

einen Ball hinter sich fallen. Das wird der Hund zwangsläufig mitbekommen. Aber das macht nichts, man darf den Hund nur nicht an den Ball heranlassen. Diese Handbewegung, mit der man den Ball fallen lässt, wird sich der Hund merken. Unter Umständen kann man dieses als kleine Hilfe in gewissen Situationen nutzen.

Dann geht man 30 Meter geradeaus, dreht sich um und nimmt die Grundstellung ein. Nun schickt man den Hund mit Handzeichen und Stimme zum Ball und gibt ihm, wenn er dort angekommen ist, das Kommando „Platz“. Um sicherzugehen, dass er dieses Kommando auch durchführt, laufen wir schon beim Durchstarten des Hundes hinterher, damit die Entfernung zum Hund beim Platz-Kommando nicht so groß ist. Dadurch gestaltet sich die ganze Sache etwas einfacher. Beim Hund angekommen lösen wir das Kommando auf und spielen mit dem Hund.

Nach erfolgreich absolvierten Übungen sollte das Spielen mit dem Hund nicht vergessen werden.

Gibt es Probleme mit dem Platz-Kommando, sollte man den Hund von einem Helfer festhalten lassen und sich selbst neben den Ball stellen. Der Helfer lässt den Hund los und kurz bevor er am Ball ist, bekommt er vom Hundeführer das Platz-Kommando. Im Idealfall schnappt sich der Hund dann den Ball und legt sich mit ihm hin. Sehr gut ausgebildete Hunde legen sich auch sofort bei dem Kommando hin, ohne den Ball aufzunehmen. Dann löst man das Kommando „Platz“ auf, schickt den Hund mit einem neuen Kommando zum Ball und er darf spielen.

Führt der Hund das „Platz“ nicht selbstständig aus, muss der Hundeführer einwirken. Dann vergrößert man langsam die Entfernung des Hundeführers zum Ball, bis man wieder am Ansatzpunkt steht.

Natürlich sollte der Hundeführer nicht bei jedem Voraus-Kommando ein „Platz“ hinterherrufen. Wesentlich öfter darf der Hund mit dem Ball wieder zurückkommen und sich zusammen mit dem Hundeführer freuen.

Mit der Zeit schickt man den Hund dann nicht mehr aus der Grundstellung heraus, sondern geht erst ein paar Schritte mit ihm bei Fuß. Nur wenn der Hund den

Hundeführer dabei ansieht, wie in der Fuß-Übung, darf er losrennen. Sonst kann es passieren, dass der Hund von selbst losläuft, denn er erkennt ja meist an der Gesamtsituation, was los ist, nämlich dass dies keine reine Fuß-Übung, sondern eine Voraus-Übung ist.
Später geht man dann dazu über, dass der Hund das Ziel nicht mehr direkt sehen kann, weder einen Ball noch ein Leckerchen. Man legt die Bestätigung dann entweder in ein kleines Loch oder man nutzt einen natürlichen Wall, sodass der Hund die Bestätigung erst sieht, wenn er darüber hinaus ist.

Detachieren

Beim Detachieren wird dem Hund das zielgerichtete Anlaufen bestimmter Punkte beigebracht. Diese Übung ist, wie die meisten anderen Übungen auch, eine Fleißaufgabe. Je mehr man übt, desto schneller kann der Hund diese Übung ausführen.
Einem Hund beizubringen, auf Entfernung bestimmte Ziele anzulaufen, ist für den Einsatz eine sehr nützliche Sache, für den Trümmereinsatz sogar elementar. Man spart enorm viel Zeit, wenn man in der Lage ist, den Hund dazu zu bringen, zu einem bestimmten Punkt zu laufen und dort nach vermissten Personen zu suchen. Dazu muss der Hund eindeutige Kommandos verstehen und auf Entfernung ausführen.
Um dem Hund dieses beizubringen, stellt man drei Gegenstände im Abstand von 5 bis 10 Meter nebeneinander auf. Den Hund legt man in einiger Entfernung ab und legt ein Leckerchen oder eine Beute für den Hund gut sichtbar auf den mittleren Gegenstand. Leckerchen haben den Vorteil, dass der Hund an Ort und Stelle bestätigt wird und nicht mit einem Beutegegenstand zum Hundeführer zurückkommt oder gar damit wegläuft.
Nun wird der Hund mit „Voran“ zum mittleren Gegenstand geschickt. Hat der Hund seine Bestätigung aufgenommen, kommt der Hundeführer hinterher, lobt seinen Hund und geht mit ihm zurück. Der Hund muss nicht sofort lernen, dort zu verharren, wichtig ist, dass er das Voran-Kommando angenommen hat. Beherrscht der Hund schon auf Entfernung ein Kommando wie „Platz“ oder „Warte“, kann man es natürlich benutzen.
Bevor man nun dem Hund beibringt, sich vom mittleren Gegenstand aus nach links oder rechts zu bewegen, muss er das Verharren am Gegenstand natürlich beherrschen.
Wenn der Hund mit „Voran“ den mittleren Gegenstand sicher annimmt und dort verharrt, wird er im nächsten Schritt nicht mehr von dort abgeholt, sondern der Hundeführer begibt sich zu dem Gegenstand auf der rechten Seite und legt

wieder deutlich sichtbar ein Leckerchen oder die Beute darauf. Dann geht man zurück auf die Höhe des mittleren Gegenstandes, aber in nicht allzu weiter Entfernung vom Hund, und schickt den Hund mit dem Kommando „Links" zum aus eigener Sicht gesehenen rechten Gegenstand. Es ist wichtig, dass man sich dabei immer in den Hund hineinversetzt und „links" oder „rechts" immer vom Hund aus sieht. Man kann das Kommando natürlich auch mit einer Hand- oder einer Körperbewegung in die entsprechende Richtung unterstützen.
Kommt der Hund dem Kommando nicht sofort nach, müssen wir ihn ohne Druck in die entsprechende Richtung lenken. Am Zielpunkt angekommen bekommt er wieder den Befehl zum Verharren und wird dann von dort abgeholt. Das Abholen ist wichtig, damit der Hund nicht selbstständig zum Hundeführer zurückkommt, sondern am Gegenstand auf einen neuen Befehl wartet. Genauso verfährt man dann mit der anderen Richtung, aber bitte erst, wenn das erste Kommando wirklich sicher beherrscht wird. Zu früh rechts und links zu mischen, verwirrt den Hund und stellt den Erfolg infrage. Erst wenn der Hund die andere Richtung sicher beherrscht, sollte wieder die zuerst gelernte Richtung ausprobiert werden. Schließlich kann man den Hund auch abwechselnd in verschiedene Richtungen schicken. Dann kann man langsam die Anreize abbauen, indem man nicht mehr jedes Mal eine Belohnung auf die Gegenstände legt. Das darf aber keinesfalls zu früh passieren.

ZIELSICHER

Wenn man diese Übung konsequent aufbaut und auch die Gegenstände variiert, bekommt man einen Hund, den man zielsicher zu jedem Ort schicken kann. Das Detachieren ist auch ein Prüfungsbestandteil, siehe dazu Seite 122.

Tragen des Hundes

Je nachdem, in welchen Situationen der Rettungshund zum Einsatz kommt, muss er sich problemlos, ohne zu zappeln und völlig gelassen, von seinem Hundeführer oder auch einer anderen Person tragen lassen. Denn es kann sein, dass er sich mal verletzt und zurück zum Fahrzeug getragen werden muss.

Aber auch das Tragen des Hundes will gelernt sein. Damit fängt man am besten im Welpenalter an. Welpen lassen sich gern tragen, deshalb sollte man sie am besten auch oft von Fremden tragen lassen, damit sie das von vornherein als etwas Positives ansehen. Während des Tragens gibt es immer eine Belohnung. Man gibt dem Hund ein Leckerchen und krault ihn hinter dem Ohr. So ein Hund wird dann niemals das Problem haben, dass er sich nicht gern tragen lässt.

Natürlich muss man dabei darauf achten, dass man dem Hund keine Schmerzen bereitet. Man sollte den Hund ganz umfassen und vor allem auf die Rute achten, damit diese nicht abgeknickt wird.

Muss man seinen Vierbeiner eine längere Strecke tragen, sollte man eine andere Technik anwenden, vor allem bei großen Hunden. Man stellt seinen Hund, wenn möglich etwas erhöht, hin, führt seinen Kopf unter dem Brustbein des Hundes hindurch und umfasst gleichzeitig den Hund um Vorder- und Hinterbeine. Nun richtet sich der Hundeführer auf, wobei er vor allem darauf achtet, dass das Brustbein und nicht der Magen des Hundes in seinem Nacken liegt. Die Hinterbeine des Hundes drückt man mit einer Hand an die Brust des Hundeführers.

Um den Hund ans Tragen zu gewöhnen, fängt man möglichst schon im Welpenalter damit an.

Diese Art des Tragens ist etwas gewöhnungsbedürftig, sowohl für den Hund als auch für den Hundeführer. Aber wenn man diese Technik erst einmal beherrscht, kann man den Hund auch über eine längere Strecke ohne große Mühen tragen, wenn er sich zum Beispiel an der Pfote verletzt hat und nicht mehr laufen kann.

Ablegen

Es ist wichtig, dass man seinen Hund auch mal für eine Zeit sicher ablegen kann, zumal dies auch ein Bestandteil der meisten Prüfungsordnungen ist.

Um dem Hund den Unterschied zwischen einem normalen Platz-Kommando, aus dem er abgerufen wird, und dem Ablegen klarzumachen, benutzt man das Kommando „Ablegen“ (oder ein anderes Wort, das man auswählt), nachdem der Hund mit dem Platz-Kommando hingelegt worden ist. Nun muss er lernen, liegen zu bleiben, bis er wieder abgeholt wird. Dies geschieht anfangs schon nach wenigen Sekunden: Man entfernt sich nur ein paar Meter und kommt dann sofort zurück. Man kann dem Hund dann ein Leckerchen geben und dafür verbal loben, dass er liegen geblieben ist. Bevor man weggeht, wiederholt man das Hörzeichen „Ablegen“.

Dieses Hin und Her kann man ein paarmal wiederholen, ehe man das Kommando auflöst und den Hund mitnimmt. Sollte der Hund selbstständig aufstehen, wenn sich der Hundeführer nähert, muss man in ruhig und sachlich korrigieren, entfernt sich wieder und wiederholt die Übung.

Das Ablegen des Hundes für eine längere Zeit ist eine der wichtigsten Übungen der Rettungshundearbeit.

Wenn das schon gut klappt, wird die Zeit, die der Hund liegen bleiben muss, verlängert, bis er es gelernt hat, etwa 15 Minuten liegen zu bleiben. Dies sollte man aber erst alles noch in Sichtweite des Hundeführers üben. Erst danach geht man dazu über, sich aus dem Sichtbereich des Hundes zu entfernen. Aber auch hierbei fängt man mit einer ganz kurzen Zeit an, die dann allmählich verlängert wird.

Lenkbarkeit auf Distanz

Es gibt einige sehr nützliche Kommandos, die man einem Rettungshund beibringen sollte. Eines davon ist das Kommando „Geh darum". Mit diesem Kommando bringt man dem Hund bei, einen entfernten Punkt anzulaufen, zu umrunden und wieder zurückzukommen.
Dabei beginnt man anfangs mit einem kleinen Objekt in der Nähe. Man geht mit seinem angeleinten Hund etwa um die Hälfte des Objektes herum und legt auf der hinteren Seite eine Beute oder ein Leckerchen hin. Das Leckerchen sollte dabei auch gut sichtbar hingelegt werden, damit der Hund nicht lange suchen muss. Ein Bierdeckel als Untersatz wäre zum Beispiel dafür geeignet.

Nun geht man mit seinem Hund zurück vor das Objekt und schickt ihn mit dem Kommando „Geh darum" auf das Objekt zu. Da er ja gesehen hat, dass seine Belohnung dahinter liegt, wird er dort direkt hinlaufen und sie aufnehmen. In der Zwischenzeit hat sich der Hundeführer so weit bewegt, dass er den Hund von der anderen Seite beim Aufnehmen der Beute sehen kann und ruft ihn zu sich, sodass der Hund das Objekt einmal komplett umrundet hat. Beim Hundeführer angekommen wird der Hund für sein Verhalten ausgiebig gelobt.
Klappt die Übung gut, geht man zum nächsten Schritt über. Der Hundeführer legt den Hund ab, geht ohne Hund um das Objekt herum und legt dort an geeigneter

Stelle die Belohnung hin. Dann verfährt man wie oben. Wichtig ist es, darauf zu achten, dass das Objekt jedes Mal komplett umrundet wird.
Jetzt kann man zu weiter entfernten Objekten aller Art übergehen. Solche Übungen kann man auf jedem Spaziergang mit einbauen. Mit der Zeit werden auch die Hilfen abgebaut und der Hund bekommt die Belohnung erst beim Hundeführer, wenn er zurückgekommen ist.
Sobald man diese Übung so oft geübt hat, dass der Hund sie sicher und zuverlässig beherrscht, kann man einen Helfer hinter das Objekt legen und den Hund dort anzeigen lassen. Wenn das gelingt, kann man den Hund sowohl im Einsatz als auch in Prüfungen zu weit entfernten einzelnen Objekten schicken und ihn dort nach Personen suchen lassen.

Weitere nützliche Kommandos sind „Hoch“ und „Runter“. Das ist zum Beispiel sehr sinnvoll, wenn der Hund eine Treppe hoch- oder herunterlaufen soll. Das bringt man dem Hund am besten an einer breiten Treppe wie zum Beispiel einer Kellertreppe bei. Wenn man den Hund dabei ausgiebig belohnt und lobt, lernt er es sehr schnell.
Auch diese Übung wird mit der Zeit so verfeinert, dass man schließlich aus größeren Entfernungen diese Kommandos geben kann. Wenn man sie dann später im Einsatz benötigt, spart man auf diese Weise viel Zeit, weil der Hund auch auf Distanz weiß, wo er hoch- oder herunterlaufen soll.

Ablenkung

Sind alle Übungen vom Hund so weit verstanden, dass sie ohne Ablenkung zufriedenstellend ablaufen, erhöht man den Schwierigkeitsgrad, indem man unter mehr Ablenkung übt. Man lässt ungewohnte Geräusche ertönen oder Personen herumlaufen.

Zum Schluss sollte der Hund die Übung unter den unterschiedlichsten Bedingungen sicher durchführen. Das bedeutet, dass man diese Übungen an ganz verschiedenen Standorten mit den unterschiedlichsten Ablenkungen durchführen muss, damit der Hund immer mehr Erfahrungen sammeln kann. Denn diese Übungen müssen überall abrufbar sein, weil ja oft vorher nicht klar ist, wie die Gegebenheiten der Rettungshundeprüfung oder eines Rettungshundeeinsatzes sein werden.

Aufbau der Flächensuche

Einem Hund beizubringen, selbstständig und motiviert ein Waldgebiet abzusuchen, ist eine anspruchsvolle und langwierige Aufgabe, die etwa zwei Jahre in Anspruch nimmt. Ein erfahrener Hundeführer, der schon einige Hunde ausgebildet hat, schafft es vielleicht auch in etwas kürzerer Zeit, aber grundsätzlich sollte man sich schon die Zeit nehmen, die man braucht. Geht man in den einzelnen Schritten überhastet vor, hat man zwar augenscheinlich auch Erfolge, dies kann sich später aber rächen. Wenn nämlich der Hund die Grundlagen nicht ausführlich genug übt und das Motivationspolster nicht groß genug ist, um ihn auch durch schwierige Situationen zu bringen, kann es zu empfindlichen Rückschlägen kommen, die einem später viel Zeit und Nerven kosten. Deshalb sollte auf die Grundlagenarbeit, zu dem das Eigenanzeigen gehört, viel Wert gelegt werden.

Die Eigenanzeige gehört zu den Grundlagen bei der Ausbildung zum Flächensuchhund.

Triebaufbau durch Eigensuche

Die Eigensuche ist ein sehr wichtiges Instrument, um seinen Vierbeinern zu einem lang anhaltend und motiviert arbeitenden Rettungshund auszubilden.
Bei der Eigensuche arbeitet ausschließlich der Rettungshundeführer mit seinem Hund. Während dieser Arbeit lernt der Hund, dass er durch Laufen zum Ziel kommt, auch wenn die Distanz mal ein bisschen größer ist als sonst. Den eigenen Hundeführer will ein Hund, auch wenn er jung und noch frisch in der

Ausbildung ist, immer finden und gibt daher nicht so schnell auf. Hier wird ein hohes Motivationspolster beim Hund geschaffen, auf das man in der Ausbildung immer wieder zurückgreifen kann.

> **BINDUNG IST WICHTIG!**
>
> *Besteht keine enge Bindung zum Hundeführer, muss erst daran gearbeitet werden. Denn ohne eine gute Bindung zum Hundeführer ist keine Hundeausbildung möglich.*

Dieser Aufbau mit Eigensuchen führt zu einem ausdauernd suchenden Hund, der selbstständig arbeitet und schon früh eine Entfernung von etwa 300 Metern ausarbeiten kann. Anfangs muss man, vor allem bei einem Welpen, zwar noch eine geringe Distanz wählen, aber ein erfahrener Ausbilder erkennt bald, dass man diese Distanz schnell erhöhen kann. Dabei kann der Hundeführer seinem Hund auch schon die verschiedenen Opferbilder beibringen, die einem Rettungshund später im Einsatz begegnen können: Mal liegt der Hundeführer gut sichtbar irgendwo, mal ist er verdeckt, mal trägt er einen Helm, mal eine Kapuze, und so weiter. Der Fantasie sind dabei keine Grenzen gesetzt.

Bestätigt wird der Welpe in dieser Phase mit Futter, da der junge Hund noch sehr davon abhängig ist, das Futter von seinem Menschen zu bekommen. Ein Welpe nimmt eher Futter zur Belohnung an als einen Ball.

Bei der Eigensuche sind die Entwicklungsphasen des Welpen zu beachten. Daher sollte die Eigensuche in Abhängigkeit von der Rasse mindestens acht bis zehn Monate lang durchgeführt werden.

In dieser Zeit wird der Grundstein für die späteren Suchübungen gelegt. Die Suchintensität steigt automatisch an, da der Findewille beim eigenen Hundeführer durch eine gute Bindung unbegrenzt groß sein sollte. Konsequentes Durchhaltevermögen bei der Eigensuche baut ein Polster auf, dass ein Rettungshundeleben lang hält.

Vorteile der Eigensuche

Bei der Eigensuche kann auf das Anreizen mit Futter verzichtet werden, da der Hund aufgrund des Meutetriebs immer dem Hundeführer hinterherlaufen wird.

Wenn man einen Hund mit der Eigensuche aufbaut, sind auch alle anderen Arten von „Anreizen" unnötig und brauchen später nicht mühselig abgebaut werden. Der Hund sieht nur den eigenen Hundeführer weglaufen und niemals jemand anderen – auch später nicht. Das Suchverhalten dann auf eine fremde Person zu übertragen, ist in der Regel nicht schwer und wird in einem späteren Kapitel erklärt.

Ein weiterer großer Vorteil des Aufbaus mit der Eigensuche ist, dass der Hund dem eigenen Hundeführer Fehler eher verzeiht als einem Fremden. Wenn man ihm mal aus Versehen auf den Fuß tritt, kann das bei einem Welpen oder

Junghund, wenn dies von einem Fremden geschieht, negative Folgen in der Ausbildung haben, die dann wieder korrigiert werden müssen – vorausgesetzt, man erkennt sie rechtzeitig.

Dem eigenen Hundeführer verzeiht der Hund aber fast alles aufgrund seiner guten Bindung, was viele Probleme erst gar nicht entstehen lässt. Die Möglichkeit, dass ein Hund kein gutes Suchverhalten zeigt, kommt beim eigenen Hundeführer nicht auf, denn den eigenen Besitzer zu finden, ist für den Hund ein tolles Erlebnis und wird immer seine Primärmotivation bleiben.

Die Bedeutung der Eigensuche kann gar nicht genug betont werden. Schon sehr bald kann der Hundeführer sich relativ weit entfernen, der Hund wird ihn suchen, bis er zum Erfolg kommt. Natürlich darf hierbei der Hund (vor allem der junge Hund) nicht überfordert werden. Allerdings sollte er auch nicht unterfordert werden, denn gerade bei der Eigensuche bringt der Hund eine Menge Energie auf. Hier sprechen wir von Entfernungen, die weit über 300 Meter hinausgehen sollten, wenn der Hund schon ein Jahr und älter ist.

Der Hund darf am Ansatz ruhig unter Spannung sein, wenn sich sein Hundeführer versteckt.

Viele werden sagen: Ich brauche keine Eigensuche, mein Hund sucht mich doch sowieso! Ja, genau das ist der Punkt und wird ausgenutzt, um dem Hund Distanzen, seltsame Opferbilder, gute Anzeigen und Suchintensität beizubringen. Wenn der Hund dieses Spiel (denn für ihn ist es eines) erst mal verstanden hat, ist es, wie oben schon erwähnt, normalerweise kein großes Problem, den Hund dazu zu bringen, in diesem Spiel Fremde zu suchen. Gleichzeitig lernt er dabei etwas für einen Rettungshund enorm Wichtiges: Ich finde immer! Und zwar, weil er die Suche nach dem eigenen Hundeführer nicht aufgibt. Sollte der Hund bei der Eigensuche aufgeben, muss nach den Ursachen für dieses Verhalten gesucht werden. Bei einer Fremdperson wäre der Moment, an dem er aufgibt, viel schneller erreicht.

Der Hund am Ansatz bei der Eigensuche

Wenn der Hund am Ansatz (so wird der Startpunkt genannt) steht, ist es von Vorteil, wenn er unter Spannung ist. Dies erreicht man am einfachsten dadurch, dass die Leine stramm nach oben gehalten wird.

Normalerweise wollen wir den Hund an lockerer, durchhängender Leine führen. Diese Situation ist somit eine der wenigen Ausnahmen, in welcher die Leine stramm gehalten wird, nämlich um die Spannung und Konzentration des Hundes zu verstärken. Derjenige, der den Hund hält, lässt sich vom Hund ein Stückchen in die Richtung ziehen, in die der Hund gehen will. Die Versteckperson (der Hundeführer) hat sich mit einem Leckerchen oder Spielzeug versteckt. In dieser Zeit soll sich der Hund nicht hinsetzen oder -legen, sondern in Spannung bleiben. Da ist Fingerspitzengefühl gefragt.

Zieht der Hund von selbst an der Leine, sollte der Helfer, der den Hund hält, nichts sagen, denn das könnte dazu führen, dass der Hund „überdreht".

Im umgekehrten Fall, wenn der Hund also nicht selbstständig an der Leine zieht, spannt man die Leine etwas an. In der Regel wird der Hund immer zu seinem Ziel, seinem Hundeführer, wollen, denn schließlich hat er ihn verschwinden sehen und möchte natürlich hinterhergehen.

In diesem Moment lässt man sich vom Hund in die Richtung des Hundeführers ziehen – natürlich ganz langsam und nur ein kurzes Stück –, ehe man den Hund ableint. Während des Vorwärtsgehens muss man einfühlsam sein und den Hund für sein Verhalten loben.

TIPP FÜR UNSICHERE HUNDE

Bei unsicheren Hunden stellt man sich nicht direkt neben den Hund, sondern verwendet eine etwas längere Leine, um somit ein Stück hinter ihm bleiben zu können. Ideal geeignet dafür sind sogenannte Befreiungsleinen, die speziell für Hunde zum jagdlichen Einsatz verwendet werden. Diese Leinen sind in der Regel auch „lautlose" Leinen, weil sie nicht mit Ringen und Haken aus Metall versehen sind.

Das Besondere daran ist, dass die Leine mit dem Halsband verbunden ist. Mit einem speziellen Jagdkarabiner (so wird ein Haken bezeichnet, der auch noch unter Zug geöffnet werden kann) kann vom Hundeführer aus das Halsband geöffnet werden, ohne sich dem Hund zu sehr zu nähern und den Haken am Halsband lösen zu müssen. Das Halsband bleibt dann an der Leine und der Hund ist befreit.

Ein Vorteil der strammen Leine ist, dass der Hund keinen Ruck am Hals bekommt, wenn er plötzlich nach vorn drängt, was bei triebstarken Hunden leicht passieren kann.

Es gibt Hunde, die stauen ihre Spannung an, ohne vorwärts zu gehen. Das muss man erkennen. Auch hier wird die Leine stramm gehalten. Man muss aber nicht darauf einwirken, dass der Hund sich in Richtung des Zieles bewegt.
Für Hunde, die am Halsband nicht ziehen, empfiehlt sich die Verwendung eines Geschirrs. Die angespannte Leine suggeriert dem Hund, dass er zu seinem Hundeführer auf Distanz gehalten wird. Nun will er erst recht zu ihm, nach dem Motto „Wehren spornt das Begehren“.
Dieses Ziehen ist wie ein Katapult. Wird der Hund abgeleint, strebt er seinem Ziel umso schneller entgegen.
Bei diesem Ansetzen ist es nicht nötig, ein Kommando zu geben. Denn der Hund will einfach seinem Hundeführer hinterherlaufen. Das Kommando „Such und Hilf“ oder welches auch immer benutzt werden wird, sollte später ausschließlich der Hundeführer geben.

Bei manchen Hunden empfiehlt sich die Verwendung eines Geschirrs, um den Drang, dem Ziel entgegenzustreben, zu erhöhen.

Die Ausbildung der verschiedenen Anzeigearten

Ein wichtiger Schwerpunkt der Rettungshundeausbildung ist das Trainieren der Anzeige. Egal, ob der Hund später verbellt, ein Freiverweiser wird oder mithilfe eines Bringsels das Finden einer Person anzeigt – es ist immer absolut notwendig, ihm diese Methode ausführlich und korrekt beizubringen. Denn der beste Rettungshund ist wertlos, wenn er zwar gern sucht und auch findet, dieses aber nicht eindeutig dem Hundeführer anzeigt. Deshalb ist diese Ausbildung so wichtig und es treten erfahrungsgemäß auch viele Probleme auf, wenn man es nicht von vornherein korrekt ausführt.

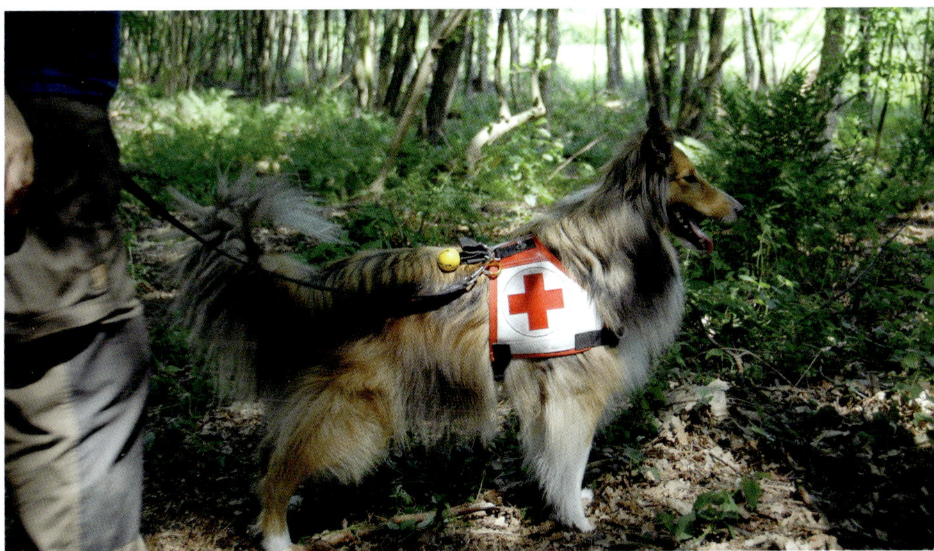

Eine gute und konsequente Ausbildung ist sehr wichtig und zahlt sich auch später aus.

Das Verbellen

Der Rettungshund, der die Anzeige durch Verbellen erlernen soll, muss auch lernen, auf Distanz zu bleiben. Jedwede Art der Belästigung ist nicht erwünscht. Deshalb zeigt der Hundeführer bei der Eigensuche dem Hund als Erstes, welchen Vorteil das Abstandhalten hat.

Zu Anfang wird der Hund bei der Eigensuche sofort für das Ankommen bestätigt. Bei Welpen und Junghunden ist als Belohnung das Futter auf jeden Fall dem Spielzeug vorzuziehen.

Der Hund wird sofort mit ausgestrecktem Arm bestätigt. Später bringt man ihm bei, sich gleich hinzulegen, wenn er den Hundeführer gefunden hat, und er erhält dafür die Bestätigung.

Es ist von großem Vorteil, wenn der Hund von Anfang an lernt, die gefundene Person nicht zu bedrängen und etwas Abstand zu halten. Dies erreichen wir, indem wir dem Hund beibringen, der mit Futter gefüllten Hand auszuweichen.

Die belästigungsfreie Anzeige: Schritt 1

Parallel zur Eigensuche, bei welcher der Hund anfangs schon für das Ankommen belohnt wird, bringt man dem Hund bei, Abstand zu halten und sich sogar rückwärts zu bewegen.

Im ersten Schritt setzt sich der Hundeführer vor seinen Hund und streckt ihm die mit Leckerchen gefüllte Hand entgegen. Der Hund wird sich natürlich für die Leckerchen interessieren und an der Hand lecken oder vielleicht mit der Pfote kratzen. Diese Handlungsweise wird aber von uns ignoriert. Solange er dieses Verhalten zeigt, bekommt er nichts. Erst wenn er die Hand einen Moment (eine Sekunde reicht aus) in Ruhe lässt, öffnet sich die Hand und er bekommt ein Leckerchen.

Für die belästigungsfreie Anzeige setzt sich der Hundeführer anfangs vor den Hund, um ihn für das richtige Verhalten zu bestätigen.

Der Hund wird bald lernen, dass er nur etwas bekommt, wenn er die Hand nicht berührt.
Dabei kann auch variiert werden. Zum Beispiel nähert man sich mit der Hand der Hundenase und nur wenn der Hund etwas zurückweicht, öffnet sich die Hand wieder und ein Leckerchen wechselt den Besitzer. Manche Hunde bewegen sich nicht rückwärts, sondern legen den Kopf in den Nacken oder legen sich sogar komplett auf die Seite, wenn sich die Hand nähert. Auch dieses Ausweichen wird belohnt.
Anschließend wird die Übung im Liegen durchgeführt. Wir strecken dem Hund dabei die Hand entgegen. Der Hund wird sich neben die Hand legen, um Futter zu bekommen. Anfangs bekommt er ein Leckerchen für das Hinlegen, was ja erwünscht ist – aber natürlich nur, wenn er dabei die Hand in Ruhe lässt. Sobald der Hund diese ersten Schritte begriffen hat, wird es auch bei der Eigensuche angewandt. Der Hund wird dann nicht nur für das Herankommen bestätigt, sondern er muss auch die ausgestreckte Hand in Ruhe lassen, sei es auch nur ganz kurz. Dafür wird er belohnt.

Der Hund muss die ausgestreckte Hand in Ruhe lassen.

Die nächsten Schritte kann man jederzeit im Wohnzimmer oder Garten üben, um sie dann beim nächsten Training während der Eigensuche anzuwenden.

Die belästigungsfreie Anzeige: Schritt 2

In der liegenden Position gehen wir zum nächsten Schritt über. Der Hund wird in 3 bis 5 Meter Entfernung festgehalten oder abgelegt, damit er nicht zu schnell wird und die Chance bekommt, Abstand zu halten. Aber anders als in Schritt 1 bringen wir dem Hund nun bei, sich rückwärts zu bewegen und der Hand aktiv auszuweichen.

Legt sich der Hund vor der Hand hin, wird er dafür belohnt (a). Danach soll er lernen, sich rückwärts zu bewegen (b). Erst dann wird er bestätigt.

Der Hund wird zunächst beim Hundeführer für das Herankommen und das Hinlegen belohnt. Er wird nun erwarten, dass die Hand aufgeht, da er sie ja in Ruhe gelassen hat. Bei sehr schnell ankommenden Hunden empfiehlt es sich, die liegende Hand einmal kurz nach oben zu bewegen, damit der Hund sie besser erkennt und weiß, was er zu tun hat. Legt er sich vor die Hand, wird er sofort belohnt.

Jetzt schiebt der Hundeführer seine Hand an die Brust des Hundes. Da der Hund gelernt hat, die Hand nicht zu berühren, wird er sich automatisch nach rückwärts orientieren und der Hand ausweichen. Dafür wird er sofort mit einem Leckerchen belohnt.
Hat der Hund diese Übung begriffen, kann sie auch von einem fremden Helfer durchgeführt werden. Dadurch lernt der Hund von Anfang an, auch fremden Personen nicht zu nahe zu kommen.

ÜBERTRAGEN AUF FREMDHELFER

Neue Situationen werden mit dem eigenen Hundeführer so lange geübt, bis sie gefestigt sind, und erst anschließend auf den Fremdhelfer übertragen.

Die belästigungsfreie Anzeige: Schritt 3

Durch die einzelnen Schritte hat der Hund gelernt, dass er seine Belohnung bekommt, wenn er sich hinlegt und die ausgestreckte Hand in Ruhe lässt. Nun ist es an der Zeit, darauf zu achten, dass er sich ein wenig rückwärts bewegt. Tut er das, bekommt er sofort ein Leckerchen zugeworfen. Das Leckerchen muss bis zum Hund gelangen, um ihn nicht auf die Idee zu bringen, sich wieder ein Stückchen vorwärts zu bewegen.

Nach zahlreichen Wiederholungen wird der Hund von sich aus ein kleines Stückchen rückwärtsgehen, um seine ersehnte Belohnung zu empfangen. An diesem Punkt kann wieder ein Fremder die Rolle des Hundeführers übernehmen und dem Hund klarmachen, dass das Erlernte auch für fremde Personen gilt. Aber das gilt natürlich nur für die Anzeigeübung. Solange der Hund Eigensuche durchführt, sucht er noch keine fremden Personen. Hält der Hund von Anfang an Abstand zu der Hand der Hundeführers, wird er dafür natürlich ebenfalls bestätigt. Nun ist der Zeitpunkt erreicht, in dem die Hilfe mit der Hand abgebaut wird.

Beim Ankommen wird dem Hund ein Leckerchen gegeben (a). Dann wird verlangt, dass der Hund rückwärts geht; dafür bekommt er dann ein Leckerchen zugeworfen (b).

Während der Hund rückwärtsgeht, zieht man die Hand kurz weg und legt sie sofort wieder an die alte Stelle. Bleibt der Hund währenddessen in seiner Position und versucht nicht näher zu kommen, bestätigt man ihn sofort.

Die Zeit, die ein Hund ohne ausgestreckte Hand auf Abstand liegen bleiben muss, wird nun kontinuierlich verlängert. Irgendwann ist man dann so weit, dass man nicht mehr mit ausgestrecktem Arm liegen muss, wenn der Hund ankommt. Man kann den Arm immer weiter Richtung Körper bewegen und irgendwann liegt man mit am Oberkörper anliegenden Armen da und der Hund bleibt trotzdem auf Distanz und wird rückwärtsgehen. Sobald der Hund es beim Hundeführer verstanden hat, wird auch diese Übung mit einem Fremdhelfer durchgeführt.

TIPP

Es ist nicht zwingend erforderlich, jeden der drei Schritte einzeln und nacheinander erst als Hundeführer und dann mit einem Fremdhelfer zu trainieren. Bestenfalls kann man die Schritte 1 bis 3 (Ankommen, auf Entfernung Hinlegen und rückwärts Bewegen) als Hundeführer mit dem Hund nacheinander üben, um dann das Komplettpaket auf den Fremdhelfer zu übertragen.

Alle diese Übungen, die dem Hund klarmachen sollen, Abstand zu halten, finden natürlich parallel zu der Eigensuche statt, die der Hundeführer mit seinem Hund trainiert. Auch bei diesen Eigensuchen achtet der Hundeführer darauf, dass der Hund nicht zu nahe kommt. Dem Hund soll von Anfang an klar sein, dass ein gewisser Abstand zu den zu findenden Personen eingehalten werden muss. Das erspart dem Hundeführer später eine Menge Arbeit, wenn er nämlich einem Hund, der sich das Bedrängen angewöhnt hat, dieses wieder abgewöhnen muss. Jeder erfahrene Hundeführer und Ausbilder weiß, dass das nicht unbedingt einfach ist.

Der Hund lernt das Verbellen

Angehende Rettungshunde sollen nicht zu früh mit dem Verbellen anfangen! Leider wird in vielen Rettungshundestaffeln schon von einem Welpen das Bellen verlangt. Nur fällt leider keinem auf, wie er bellt. Er ist nämlich völlig überfordert. Das frühe Bellen wirkt sich nicht positiv auf die psychische Entwicklung des Welpen aus. Hier sollte man auch wieder die Entwicklungsphasen des Hundes berücksichtigen.

Bellen ist in der Regel eine Übersprunghandlung, mit der aufgestaute Anspannungen gelöst werden. Es ist ein Ausdruck von Gefühlen und hat immer einen Sinn. Hunden, die nicht gern bellen, ist es schwierig, dies per Kommando beizubringen. Bei diesen Hunden sollte man, je nach Veranlagung des Hundes, lieber über eine Ausbildung zum Freiverweiser oder Bringselverweiser nachdenken.
Es gibt auch Situationen, in denen Hunde grundsätzlich nicht bellen. Sehr selbstbewusste Hunde, die einem anderem Hund imponieren oder ihn gar angreifen wollen, bellen dabei nicht. Sie sind sich ihrer Sache sehr sicher; sie haben das Bellen nicht nötig. Auch bei Konzentrationsübungen wie Nasenarbeit, Gerätearbeit oder Denkspielen bellen Hunde nicht.
Andererseits bellen Hunde gern, um Aufmerksamkeit zu erregen. Sie verstehen sehr schnell, dass dies zum Erfolg führt. Oft werden sie für das Bellen mit bösen Worten „bestraft“, aber auch diese negative Aufmerksamkeit ist für sie ein Erfolg. Sie werden nun wieder beachtet und damit ist ihr Ziel erreicht.

Wenn der Hund nicht unnötig bellen soll, ist es ganz wichtig zu beachten, dass sich der Hund für das Bellen in den unerwünschten Situationen nicht belohnt fühlt.
Ein junger Hund kann durch Verbell-Übungen schnell überfordert werden. Er lässt seinen Emotionen freien Lauf und bellt. Es entwickelt sich zum erlernten Verhalten, der Hund bekommt Aufmerksamkeit und wird für nervenbefreiendes Bellen bestätigt.
Diese Entwicklung stärkt allerdings nicht seine Nerven, sondern bewirkt das Gegenteil.

Auch ein aufgeregtes Bellen ist nicht gewünscht. Bestes Beispiel hierfür ist die Situation, die jeder kennt, wenn es an der Haustür klingelt. Vor Aufregung bellt der Hund lautstark. Meistens regt es den Besitzer so auf, dass er seinem Hund die ganze Aufmerksamkeit widmet, ihm irgendetwas zuruft und mit zur Tür stürzt. Dadurch wird der Hund in seinem Verhalten bestärkt und glaubt, alles richtig gemacht zu haben. Nun können sie den Eindringling gemeinsam vertreiben. Aus der Sicht des Hundes ein völlig logisches und schlüssiges Verhalten.

Ignoriert der Mensch sowohl das Haustürklingeln als auch das Alarmbellen des Hundes, wird der Hund irgendwann unsicher und weiß nicht mehr, ob sein Verhalten richtig ist. Er bekommt ja keine Aufmerksamkeit mehr und das Bellen wird in dieser Situation nachlassen.

FAZIT

Nie zu früh mit dem Verbellen anfangen! Solange der Hund nicht von sich aus bellt, sind seine Nerven noch nicht überfordert. Letztendlich wollen wir einen selbstbewussten Rettungshund mit gutem Nervenkostüm und einem selbstsicheren, lauten und anhaltenden Bellen.

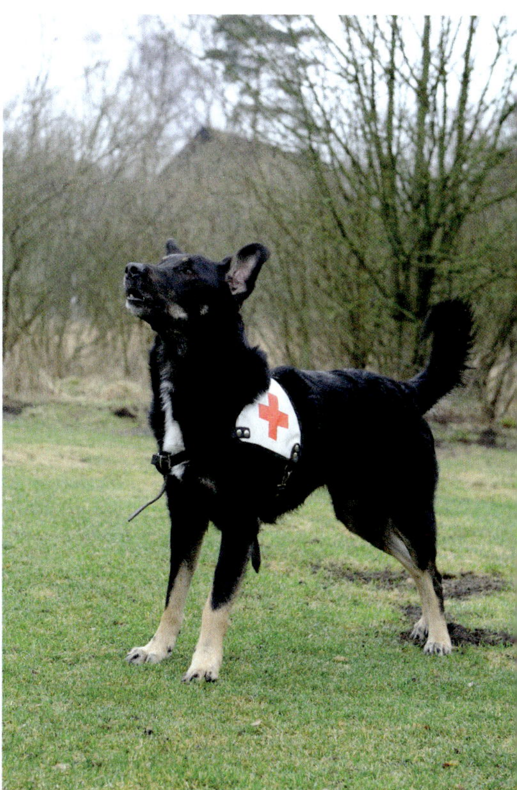

Beim Rettungshund ist das selbstbewusste und fordernde Bellen erwünscht.

So ein aufgeregtes Alarmbellen ist auf jeden Fall nicht das, was wir uns in der Rettungshundearbeit wünschen.
Anders sieht es aus, wenn der Hund dagegen etwas haben will. Sein Spielzeug oder ein Leckerchen wird er mit einer Mischung aus Frustration und Hilflosigkeit „herausbellen". Bekommt er nun in dieser Situation seine Belohnung, bestärkt es sein Selbstbewusstsein. Diese Art des Bellens ist in der Rettungshundearbeit erwünscht. Sie ist drangvoll und ausdauernd. Der Hund will seine Belohnung, und zwar jetzt. Er fordert sie. Er weiß, was er will. Das gilt sowohl für Beute als auch für Leckerchen. Der Unterschied ist nur, dass Hunde, die mit Beute bestätigt werden, spielen möchten, sobald sie ihre Belohnung haben. Bei Leckerchen ist das naturgemäß anders.

Auf das richtige Bellen muss man unbedingt achten. Es muss erkannt und gefördert werden. Wir wollen einen selbstbewussten Hund, der fordert. Selbstbewusstsein erlangt ein Hund aber nur, wenn er nicht zu früh aus Unsicherheit heraus bellen muss. Dies kann gar nicht genug betont werden. Ein junger Hund braucht erst nach etwa einem Jahr, je nach Rasse etwas früher oder etwas später, mit dem Bellen anzufangen. Dann ist er durch die Eigensuche und das Abstandhalten so weit gefestigt, dass seine Nerven dadurch nicht übermäßig strapaziert werden.

Das Verbellen bei der Eigensuche

Hat der Hund erst einmal gelernt, auf Abstand zu bleiben und sich möglichst sogar ein wenig rückwärts zu bewegen, kann mit dem Verbellen begonnen werden, vorausgesetzt, der Hund ist alt genug.

Ratsam ist es, dem Hund das Bellen separat außerhalb der Rettungshundearbeit beizubringen. Das Kommando „Laut" ist dafür das am häufigsten verwendete Wort.
Hierzu fordert man während der Abstandsübung mit dem Kommando „Laut" ein Bellen ein, welches bei entsprechender Reaktion sofort belohnt wird. Wichtig dabei ist, dass das Bellen belohnt wird und nicht die danach kommende Pause. Hier kommt es auf Sekundenbruchteile an.
Im weiteren Verlauf der Übungen bestätigt man den Hund abwechselnd mal für das Bellen, mal für das Rückwärtsgehen. Da der Hund nie weiß, was von ihm gefordert wird, wird er sich bellend rückwärts bewegen, womit wir unser Ziel erreicht haben.
Bei diesem Ausbildungsstand ist es sinnvoll, dass der Hundeführer den Hund nicht mehr im Liegen bestätigt, sondern sich, während der Hund bellt und rückwärtsgeht, mit dem Oberkörper aufrichtet und erst dann ein Leckerchen aus der

Bei einem Hund, der das Bellen schon gelernt hat, wird es schwer werden, ihn auf die Futterhand zu konzentrieren.

Tasche holt, um den Hund zu bestätigen, indem er das Leckerchen dem Hund zuwirft. Der Hund lernt dadurch, liegenden Personen nicht zu nahe zu kommen, weil er von ihnen in dieser Position sowieso nichts bekommt. Erst nach einem Positionswechsel von liegend zu sitzend kann er auf Belohnung hoffen.

In dieser Phase kann man den Hund von Leckerchen auf Beute (Ball oder Spielzeug aller Art) umstellen. Voraussetzung dafür ist, dass der Hund die Beute einem Leckerchen bevorzugt. Bis zu diesem Zeitpunkt empfiehlt es sich, alle Hunde mit Leckerchen zu bestätigen.

Auch diese Übung wird zuerst vom Hundeführer mit seinem eigenen Hund durchgeführt. Wie bei den anderen Übungen erfolgt die Übergabe an den Fremdhelfer, sobald der Hund und sein Hundeführer diese erfolgreich absolvieren und auch hier gilt: Man übt das Abstandhalten auf kurze Distanz separat und nicht während der Eigensuche. Erst wenn der Hund dieses perfekt beherrscht, wird es mit der Eigensuche verknüpft.

Die Vorgehensweise ist dieselbe, wie es bei den vorhergehenden Übungen beschrieben wurde. Hat der Hund den Hundeführer gefunden, wird er für das Bellen bestätigt. Das Hinlegen und das Rückwärtsgehen sind in dieser Phase nicht so wichtig. Nur darf er hier nicht das Bedrängen anfangen. Dem muss sofort entgegengewirkt werden, indem das Hinlegen und Rückwärtsgehen wieder belohnt wird.

Wie in der separaten Übung reicht hier in der Eigensuche erst mal ein einmaliges Bellen völlig aus. Es wird nicht lange dauern und der Hund wird immer schneller von sich aus und auch anhaltender verbellen.

Die Übungen, die zuvor auf dem Hundeplatz durchgeführt werden, erfolgen später im offenen Gelände.

In der einfachsten Variante dieser Übung liegt der Hundeführer in einem offenen Gelände gut sichtbar und zugänglich für den Hund. Dieser muss genug Platz haben, um sich hinlegen, bellen und zurückgehen zu können. Der Hund kommt heran, hält Abstand und fängt an zu bellen. Er wird nicht an die Hand gehen und versuchen, das Leckerchen oder die Beute zu holen, denn er hat gelernt, die Hand in Ruhe zu lassen. Hat er ausreichend gebellt, richtet sich der Hundeführer auf und wirft die Belohnung über den Hund (Beute) oder zwischen seine Pfoten (Leckerchen), sodass er auf jeden Fall rückwärtsgehen muss, um seine Belohnung in Empfang zu nehmen.

In der nächsten Phase bekommt der Hund mal für dreifaches Bellen die Belohnung, mal erst nach zehnmal Bellen oder mehr. Idealerweise ist die Hilfe mit der Hand schon abgebaut, sodass man nicht mehr mit ausgestrecktem Arm liegen muss.
Auch der Positionswechsel vom Liegen zum Sitzen vor der Belohnung wird jetzt in der Eigensuche genutzt. Bei dieser gesamten Übung springen viele Hunde immer erst mal ein Stückchen nach vorn und gehen dann wieder rückwärts. Beim Belohnen muss man daher sehr darauf achten, dass nicht das Vorwärtsspringen, sondern das Rückwärtsgehen belohnt wird. Hierbei ist genaues Timing sehr wichtig.

Erst wenn der Hund den offen liegenden Hundeführer gut anzeigt, erschwert man das Opferbild in allen denkbaren Variationen: verdeckt, verkleidet, hockend, in einem Loch, auf einem Baum und so weiter.
Beachtet man diese einzelnen Schritte genauestens und überfordert den Hund nicht, verunsichert ihn nicht durch erzwungenes Verbellen und gibt ihm durch das vertraute Spielen mit dem eigenen Hundeführer bei der Eigensuche ein ausreichendes Polster, kommt es später nicht zu Einbrüchen des erlernten Verhaltens, weder beim Suchverhalten noch bei der Anzeige. Probleme, dass ein Hund plötzlich nach zwei oder drei Jahren anfängt, das Opfer zu bedrängen, oder dass sehr früh seine Suchintensität nachlässt, treten mit dieser Methode gar nicht erst auf.
Diese Einbrüche zu reparieren, kostet in der Regel viel Zeit und ist oft auch nur Flickwerk. Mit der hier genannten Methode lernt der Hund die wesentlichen Dinge stressfrei und wird sie ein Leben lang beherzigen.

Da die wichtigsten Punkte vom Hundeführer selbst beigebracht werden, kann man nicht nur am Wochenende während des Trainings, sondern auch in der Woche bei jedem Spaziergang üben. Der Hund muss dafür nur das Kommando „Platz“ beherrschen. Man legt sich ein paar Meter entfernt hin und übt die jeweils aktuellen Teilschritte laut Stundenplan.

FAZIT

Zu diesem Zeitpunkt beherrscht der Hund das anhaltende Suchen (nach dem eigenem Hundeführer). Er hält Abstand, wenn er ihn findet (ideal wäre es, wenn der Hund sich dabei auch noch hinlegt, was erfahrungsgemäß aber im Laufe der Zeit nachlässt), er bellt und geht dabei sogar etwas rückwärts. Damit haben wir einen Hund, der das Wichtigste, was ein Rettungshund braucht, beherrscht: gute Suchintensität und eine saubere Anzeige.

Suche nach Fremdpersonen

Beherrscht der Hund die Eigensuche, ist es an der Zeit, das Gelernte auf Fremdpersonen zu übertragen. Dies bedeutet nicht, dass Eigensuche der Vergangenheit angehört. Als Abschluss jeder Übung kann man gut eine Eigensuche einbauen, zum Beispiel auf dem Weg zurück zum Auto. So hat der Hund am Ende jeder Trainingseinheit noch einmal richtig Spaß.

Widmen wir uns jetzt also der Arbeit mit Fremdpersonen. Am Anfang steht die Kurzanzeige. Eine Kurzanzeige ist keine Suche. Es geht dabei nicht darum, das Suchen zu erlernen (das hat er schon in der Eigensuche getan), sondern es geht darum, den Drang des Hundes zur Fremdperson aufzubauen und zu verstärken.

Der Fremdhelfer liegt in Sichtweite des Hundes, wobei der Hund aber nicht gesehen hat, wie die Person sich zu dieser Stelle begab. Der Hund sieht niemals eine fremde Person weggehen. Das ist bei einem Aufbau durch Eigensuche nicht nötig und braucht deshalb später auch nicht mehr abgebaut zu werden. Wird ein Hund mit Eigensuche aufgebaut, sind auch alle anderen Arten von „Anreizen“ unnötig und müssen später nicht mühselig abgebaut werden.

Der Hundeführer übergibt seinen Hund einem Helfer zum Halten und begibt sich zum 30 bis 50 Meter (je nach Geländeform) entfernten Fremdhelfer. Ist der Hundeführer beim Fremdhelfer angekommen, erhält dieser vom Hundeführer wortlos die Belohnung des Hundes (Leckerchen oder Beute). Hier ist darauf zu achten, dass es im Blickfeld des Hundes geschieht. Im Anschluss geht der Hundeführer zum Hund zurück, streift ihm (erst jetzt!) die Kenndecke über und schickt ihn mit einem Suchkommando los.

Erst wenn er die Kenndecke trägt, darf der Hund losgeschickt werden (a). Wird der Hund abgeleint, strebt er seinem Ziel sehr schnell entgegen (b).

Der Hund wird zum Fremdhelfer laufen, weil er gesehen hat, wie der Hundeführer etwas hingebracht hat. Sollte der Hund jedoch nicht verstanden haben, was er tun soll, geht der Hundeführer zum Fremdhelfer, und zwar im normalen Tempo und unaufdringlich. Der Hund wird ihm folgen und – beim Fremdhelfer angekommen – wieder in sein erlerntes Verhaltensmuster verfallen und ihn anzeigen.

Der Fremdhelfer bestätigt ihn dann entweder für das Bellen oder für das Rückwärtsgehen, je nach Bedarf. Beherrscht der Hund das Verbellen bereits sehr gut, kann mehr auf den Abstand und das Rückwärtsgehen geachtet werden und umgekehrt.

Der Helfer spielt dann ausgiebig mit dem Hund (oder gibt ihm laufend Leckerchen) und kommt dabei zum Hundeführer zurück. Bei beuteorientierten Hunden kann der Hund auch zum Hundeführer laufen und mit diesem spielen. Das tut der Opferbindung, vor allem bei einem triebstarken Hund, keinen Abbruch.

Dieser ganze Vorgang kann ruhig mehrere Male hintereinander wiederholt werden. Der Fremdhelfer kann sich dabei jedes Mal an einen anderen Platz legen.
Man kann diese Anzeigen auch variieren, indem man das Opferbild verändert, zum Beispiel mit verdeckten Helfern. Dabei sollten die Helfer anfangs noch nicht ganz verdeckt sein, um es dem Hund nicht zu schwer zu machen. Erst wenn der Hund dabei immer noch sicher anzeigt, wird der Helfer komplett verdeckt. Dabei ist es von Vorteil, wenn die Distanz zum Hundeführer nicht zu groß ist, um dem Hund anfangs etwas mehr Sicherheit zu geben.

Besonders bei triebstarken Hunden lässt sich die Opferbindung mit einem Spiel verstärken. Aber auch dabei sollte der Hund den gewünschten Abstand einhalten.

Der Freiverweiser

Neben dem Verbellen, der häufigsten Anzeigeart, wird auch die Ausbildung zum Freiweiser immer häufiger angewendet. Dabei bleibt der Hund nicht bei der gefundenen Person, sondern kehrt nach dem Fund zum Hundeführer zurück und zeigt bei ihm an.

Diese Art des Verweisens eignet sich prinzipiell für alle Hunde, aber besonders gern wählt man es bei Hunden, die ungern bellen. Oft sieht man, dass Rettungshunde, die eine schlechte Opferbindung haben, auf das Freiverweisen umgestellt werden. Aber das ist eine grundlegend falsche Voraussetzung. Auch ein Freiverweiser oder Bringselverweiser muss Opferbindung haben, nur sieht diese eben anders aus als bei Rettungshunden, die beim Helfer verbleiben und bellen.

Es gibt verschiedene Möglichkeiten, wie der Hund nach dem Fund einer Person bei seinem Hundeführer anzeigt. Der Hund kann den Hundeführer anspringen oder anbellen, er kann an einem Spielzeug ziehen, das der Hundeführer am Gürtel trägt, oder er kann sich beim Hundeführer hinlegen oder hinsetzen. Bei der Entscheidung, welche Anzeigenart man bevorzugen sollte, muss der Charakter des Hundes berücksichtigt werden.

Bei einem sehr triebstarken Hund sollte die Anzeige eher passiv sein, das heißt durch Hinlegen oder Hinsetzen. Denn wenn ein sehr triebiger Hund den Hundeführer anspringt oder an irgendwelchen Gegenständen zieht, kann das, je nach Situation, unangenehm bis gefährlich sein. Ist der Hund dagegen eher vorsichtig, kann man auch das Anspringen oder Ziehen an Gegenständen erwägen.

Bei diesen Anzeigen muss der Hund nicht bellen. Sollte der Hund aber gern bellen, kann man ihm natürlich auch beibringen, beim Hundeführer auf diese Art anzuzeigen.

Hier zeigt der Hund durch das Hinlegen an, dass er jemanden gefunden hat.

Der Aufbau des Freiverweises

Am Anfang sieht die Ausbildung, das heißt die Eigensuche, für alle Hunde identisch aus, egal, welche Anzeigeart später gewählt wird. Der Hundeführer bringt seinem Hund bei, selbstständig zu suchen und anzuzeigen, ohne zu bedrängen. Sollte sich im Verlauf der Eigensuche aber herausstellen, dass man den Hund zum Freiverweiser ausbilden möchte, kommt eine wesentliche Änderung ins Spiel. Der Hund wird nicht mehr aus der Hand heraus bestätigt, sondern von nun an wird das Leckerchen auf den Fuß gelegt, von wo aus es der Hund sich selbstständig nehmen kann. Damit ist die Anzeige dann beendet. Anfangs muss man dem Hund natürlich, weil er es ja anders kennt, zeigen, wo das Leckerchen liegt. Aber es dauert meistens nicht sehr lange und der Hund hat schnell verstanden, wo es seine Belohnung gibt. Dieses Spielchen kann man auch gut zu Hause und in der Freizeit üben, indem man ein Leckerchen auf den Fuß legt und der Hund es sich abholt.

Beim Freiverweisen holt sich der Hund seine Belohnung vom Fuß des „Opfers" ab.

Wenn schon zu Beginn der Ausbildung von vornherein klar ist, dass man den Hund nicht zum Verbeller, sondern zum Freiverweiser ausbilden will, aus welchen Gründen auch immer, kann man das alles natürlich von Beginn an so durchführen und der Hund lernt es erst gar nicht anders. Dann braucht man ihm auch nicht beizubringen, Abstand zu halten, weil dieser Hund sich ja sein Leckerchen selbstständig holt und dann wieder zurücklaufen soll.

Auch wenn man später plant, sich vom Hund ohne Leine zum Helfer zurückführen zu lassen, ist es zu Beginn von Vorteil, zunächst mit Leine (etwa 5 Meter Länge) und einem Geschirr zu trainieren. Dadurch kommen Hund und Hundeführer gleichzeitig beim Helfer an und der Helfer belohnt den Hund nicht nur dafür, dass er nochmal zu ihm zurückgekommen ist, sondern dafür, dass er mit seinem Hundeführer zurückgekommen ist. Außerdem hat man den Hund besser unter Kontrolle und viele Hunde verstärken auch ihren Drang zum Helfer, wenn sie an einer strammen Leine sind.

VORTEIL DES FREIVERWEISENS

Der große Vorteil bei dieser Methode ist, dass der Hund gar nicht mehr an die Hand und damit in die Nähe des Kopfes der Person kommt. Das ist für die Helfer im Training und natürlich auch im Ernstfall sehr angenehm. Ein Hund, der ein wenig an den Füßen schnuppert, stört kaum. Aber einer, der unweit des Kopfes in den Händen der Person nach Leckerchen sucht, kann schon unangenehm sein.

Im Gegensatz zum Verbeller lernt der Freiverweiser erst an der Fremdperson seine Anzeigeart.
Wenn man also nach den Eigensuchen dazu übergeht, mit Fremdpersonen zu üben, beginnt man wieder mit einer kürzeren Distanz, höchstens 50 Meter, damit der Hundeführer zum Helfer gehen kann, um die Richtung für den Hund zu markieren.
Der Fremdhelfer liegt in Sichtweite des Hundes; dieser hat aber nicht gesehen, wie die Person dorthin gekommen ist. Dies wäre eine Hilfe, die später abgebaut werden müsste. Bei einem Triebaufbau durch Eigensuche ist diese Hilfe aber nicht nötig.

Soll der Hund eine Fremdperson finden, muss ihn der Hundeführer in die gewünschte Richtung einweisen.

Der Hundeführer übergibt seinen Hund einem Helfer zum Halten, geht zur Fremdperson und legt dieser ein Leckerchen auf den Fuß. Der Hund soll sehen, dass sein Hundeführer etwas Interessantes weggebracht hat, das macht ihn neugierig. Der Hundeführer geht zum Hund zurück, zieht ihm die Kenndecke über und schickt in mit einem Suchkommando los. Der Hund wird zum Helfer laufen, um zu sehen, was sein Hundeführer dorthin gebracht hat. Sollte der Hund es jedoch nicht auf Anhieb verstanden haben, so führt ihn sein Hundeführer zum Helfer, aber unauffällig, nicht mit forschen Schritten oder lauten Worten, sondern nur durch seinen ruhigen Gang. Der Hund wird ihm folgen und den Fremdhelfer finden.

Beim Helfer angekommen holt sich der Hund das Leckerchen vom Fuß (das hat er ja mit seinem Hundeführer geübt). Sollte der Hund das Leckerchen doch nicht aufnehmen oder finden, macht ihn der Helfer darauf aufmerksam.
Hat der Hund seine Belohnung aufgenommen, ruft ihn der Hundeführer

zurück. Das ist möglich, weil ja die Entfernung nicht allzu groß ist und der Hundeführer den ganzen Vorgang beobachten kann. Sollte der Hund den Helfer aber doch zu interessant finden und nicht zurückkommen wollen, schickt ihn der Helfer weg oder steht sogar auf und geht in Richtung des Hundeführers, der derweil weiter ruft.

Beim Hundeführer wieder angekommen bekommt der Hund seine Belohnung, die von höherer Qualität sein sollte als das Leckerchen, dass er beim Helfer aufgenommen hat. Auf die Anzeige wird vorerst noch kein Wert gelegt. Wichtig ist vor allem, dass der Hund geradewegs vom Helfer zum Hundeführer zurückkehrt. Dabei wird der Hund natürlich auch verbal gelobt und gleichzeitig die Leine an der Kenndecke oder einem Geschirr befestigt.

Nun fordert der Hundeführer den Hund auf, zurück zum Helfer zu laufen. Gleichzeitig ruft der Helfer aus seinem Versteck den Hund. Um hier das richtige Zusammenspiel zwischen Helfer und Hundeführer zu bekommen, ist es sinnvoll, Funkgeräte zu benutzen, damit sich Hundeführer und Helfer absprechen können. An dieser Stelle ist der Drang des Hundes, zum Helfer zu gehen, wieder das Wichtigste, deshalb sollte sich der Hundeführer am anderen Ende der Leine ruhig verhalten, der Hund wird sonst nur von seiner eigentlichen Aufgabe abgelenkt. Wenige Augenblicke später sollten dann Hundeführer und Hund gemeinsam beim Helfer ankommen, wobei dieser den Hund nochmal ausgiebig mit Leckerchen belohnt und lobt. Das Rufen des Helfers ist meist nur einige Male vonnöten, dann weiß der Hund, wo er seine nächste Belohnung bekommt.

Dieses Verfahren erscheint anfangs kompliziert, ist es aber eigentlich gar nicht. Ein Hund, der in den Eigensuchen schon gelernt hat, um was es geht, lernt es bemerkenswert schnell. Und auch die verschiedene Hilfen und das Rufen sowohl des Helfers als auch des Hundeführers, brauchen nicht lange durchgeführt zu werden.

Wenn der Hund bisher alles begriffen hat, vergrößert man die Distanz. Aber es handelt sich dann immer noch nicht um das richtige Suchen. Dies hat der Hund ja bei den Eigensuchen bereits gelernt und wird es so schnell schon nicht vergessen.

Es ist sehr wichtig, dass der Hundeführer dem Hund nicht im falschen Moment mit seiner Körpersprache signalisiert, er müsse jetzt eine Anzeige machen. Der Hundeführer steht gelassen mit geradem Oberkörper da und erwartet seinen Hund. Erst wenn der Hund kurz vor ihm ist, freut sich der Hundeführer deutlich erkennbar, bestätigt seinen Hund und motiviert ihn damit, auch beim nächsten Mal schnell zu ihm zurückzukommen. Das alles macht es dem Hund leichter, das Verfahren zu verstehen.

Wenn der Hund bis hierher alles gut umgesetzt hat, wird es Zeit, beim Hundeführer eine deutliche und eindeutige Anzeige zu verlangen. Spätestens jetzt muss man sich darüber im Klaren sein, wie diese Anzeige aussehen soll. Im Folgenden wird auf das Hinlegen als Anzeigeform eingegangen, aber die Ausbildung mit den anderen Möglichkeiten verläuft sehr ähnlich.

Die Anzeige beim Hundeführer und erste Übungen

Der Hund hat bis jetzt gelernt, beim Helfer das Leckerchen aufzunehmen, selbstständig zum Hundeführer zurückzukehren und mit ihm gemeinsam dann wieder zum Helfer zurückzugehen. Nun soll ihm beigebracht werden, sich nach der Rückkehr zum Hundeführer bei diesem hinzulegen.
Dazu hat der Hundeführer schon vorher das Kommando „Hinlegen" mit dem Hund geübt. Das kann man problemlos in seiner Freizeit und zu Hause machen. Jedes Mal, wenn der Hund sich hingelegt hat, wurde ihm ein Leckerchen zugeworfen. Sobald das einwandfrei funktioniert, wird das Kommando „Hinlegen" im Gehen geübt. Auch dann wird er mit einem Leckerchen bestätigt, und zwar so, dass der Hund nicht aufstehen muss, um seine Belohnung in Empfang zu nehmen. Sobald das Kommando „Hinlegen" in jeder Situation und Umgebung funktioniert, wird es in die Anzeige eingebaut. Dies bereitet nun keine Schwierigkeiten mehr.
Dabei wird die Anzeige wie immer aufgebaut, nur dass diesmal der Hundeführer dem Hund „Hinlegen" befiehlt, bevor er die Bestätigung bekommt und angeleint wird. Beim Zurücklaufen zum Helfer kann dieser immer noch – falls nötig – aus der Distanz den Hund verbal motivieren.
Nach einigen Wiederholungen macht der Hund die Anzeige selbstständig.

Im nächsten Schritt bleibt der Hundeführer nicht mehr stehen, wenn der Hund zurückkommt, sondern bewegt sich langsam. Die Veränderung sollte anfangs nicht zu groß sein. Denn wenn man dem Hund gleich den Rücken zuwendet und sich strammen Schrittes von ihm entfernt, wird er verunsichert sein. Anfangs entfernt man sich zum Beispiel langsam in einem leichten Bogen vom Hund. Der Hund wird mit der Zeit immer sicherer werden und dann kann man auch den Schwierigkeitsgrad langsam erhöhen. So muss der Hund zum Beispiel auch beim Hundeführer anzeigen, wenn dieser in einer Gruppe steht, gerade telefoniert oder sich die Schuhe zubindet. Hier kann man alle denkbaren Situationen üben, aber einem gut motivierten Hund bereitet all dies nach einiger Zeit keine Probleme mehr.

Wenn der Hund gern spielt, kann der Helfer auch am Ende mit dem Hund spielen. Es muss nur darauf geachtet werden, dass der Helfer das Spielzeug nicht von vornherein bei sich trägt, sonst kann es passieren, dass der Hund das Spielzeug beim ersten Auffinden riecht und dann nicht mehr zum Hundeführer zurückläuft.

Soll der Helfer zur Belohnung mit dem Hund spielen, wird ihm das Spielzeug erst, nachdem er gefunden wurde, vom Hundeführer übergeben.

Das Spielzeug muss also vom Hundeführer mitgebracht und dem Helfer übergeben werden. Aber auch bei diesen spielverrückten Hunden sollte nicht auf das Leckerchen beim Helfer verzichtet werden.

Nun kann die Distanz weiter vergrößert werden. Da der Hund das Suchen prinzipiell ja bereits mit seinem eigenem Hundeführer lange Zeit trainiert hat, geht das relativ schnell und bereitet kaum Probleme. Nur ein paar Punkte, die für Freiverweiser typisch sind, müssen beachtet werden.
Sobald man den Hund über größere Entfernungen suchen lässt, sieht der Hundeführer nicht mehr, ob der Hund beim Helfer war oder nicht. Um nun die Bestätigung einer Fehlanzeige zu vermeiden, ist es sinnvoll, wenn Helfer und Hundeführer über Funkgeräte in Verbindung stehen und der Helfer dem Hundeführer sagt, dass der Hund bei ihm war. Fehlanzeigen kommen manchmal bei sehr sensiblen Hunden vor, welche die Erwartung ihres Hundeführers erfüllen wollen. Dies geschieht vor allem, wenn der Hundeführer sehr nervös ist wie zum Beispiel in Prüfungen. Deshalb ist es außerordentlich wichtig, dass der Hund niemals für eine Fehlanzeige bestätigt wird. Dies kann der Hundeführer nur vermeiden, wenn er immer Kontakt mit dem Helfer hält.

Auch muss bei manchen Hunden das Motivieren durch den Helfer noch einige Zeit erfolgen. Der Hundeführer beziehungsweise sein Ausbilder entscheidet, wann diese Hilfe abgebaut wird. Wenn der Hund triebvoll und zielstrebig zum Helfer zurückläuft, braucht man diese Hilfe nicht mehr. Eine Ausnahme ist, wenn der Hund sehr erschöpft ist (durch lange Suche oder große Hitze). Dann kann es auch später gelegentlich noch einmal nützlich sein, um bei dem Hund die Motivation zu erhalten.

Die nächsten Schritte

Wenn man bis hierher mit der Ausbildung zufrieden ist, ist es durchaus sinnvoll, dass nicht mehr der Hundeführer, sondern der begleitende Ausbilder Funkkontakt mit dem Helfer hat. Denn dann kann sich der Hundeführer nicht absolut sicher sein, ob der Hund wirklich beim Helfer war, wenn der Hund zu ihm zurückkommt. Vielleicht kommt er nur gerade zufällig bei ihm vorbei. Und der Hundeführer soll keine unbewussten Hilfen geben, die den Hund zum Anzeigen auffordern. Viele Hundeführer machen das allerdings, ohne es zu merken; ein Hund bemerkt das aber sehr wohl.

Manche Hunde gähnen, bevor sie anzeigen.

Wenn der Hundeführer nun im Falle einer Fehlanzeige Anstalten macht, den Hund zu bestätigen, kann ihn der Ausbilder davon abhalten. Außerdem hat der Ausbilder die Möglichkeit, den Hund genau zu beobachten und zu erkennen, wie er im Falle einer Anzeige zum Hundeführer zurückkommt.

Manche Hunde zeigen vor der Anzeige ein kurzes Gähnen oder auch ein Schütteln. Da der Hundeführer dies nicht unbedingt mitbekommt, kann ihn der Ausbilder darüber informieren und der Hundeführer lernt, seinen Hund besser zu lesen. Dies ist bei einem Freiverweiser natürlich von enormer Wichtigkeit.
Es gibt auch Hunde, vor allem diejenigen, die sehr weiträumig suchen, die Probleme mit dem Finden des Hundeführers haben. Um es dem Hund einfacher zu machen und zu gewährleisten, dass der Hund wirklich auf direktem Weg zum Hundeführer zurückkommt, kann dieser an seiner Jacke oder am Gürtel eine Glocke oder etwas Ähnliches tragen. Diese Glocke sollte aber einen anderen Ton haben als die, die der Hund an seiner Kenndecke trägt.

Wenn der Hund nun alles sicher beherrscht, kann man dem Hund beibringen, auf dem Rückweg zum Helfer nicht bis zum Helfer zu laufen, sondern sich mit etwas Abstand (etwa 1 Meter) vor ihm abzulegen. Dazu bekommt der Hund kurz vor dem Helfer vom Hundeführer das Kommando „Platz“. Dies sollte aber bitte nicht im Hundeplatz-Kommandoton gegeben werden, sondern etwas zurückhaltender, aber durchaus bestimmend. Daraufhin geht der Hundeführer zum Helfer, holt sich von diesem eine Leckerchendose, geht damit zum Hund zurück und bestätigt ihn dort. Damit ist gewährleistet, dass der Hund weder im Einsatz noch in der Rettungshundeprüfung die gefundene Person bedrängt.

Der Zeitraum, den der Hund beim Helfer abliegen muss, wird dann immer mehr verlängert. Von seiner Warte sieht es so aus, als würde sein Hundeführer seine Leckerchen beim Helfer suchen und sie ihm dann bringen.

Als Prüfungsvorbereitung muss man auch einmal ausprobieren, ob der Hund motiviert weitersucht, selbst wenn er beim Helfer kein Leckerchen bekommt. Sollte das nicht der Fall sein, kann man einen zweiten Helfer verstecken, den der Hund nach kurzer Suche (wirklich kurz, höchstens 10 Sekunden) findet und wo er dann die übliche Belohnung erhält. Diese Zeitdistanz kann dann langsam erhöht werden.

Nachdem der Hund angezeigt hat, wird er angeleint und führt den Hundeführer zum Helfer zurück.

Der Hund sollte sich etwa einen Meter vom Helfer entfernt hinlegen.

Für Fortgeschrittene: Ohne Leine zum Helfer

Wenn die Anzeige an der Leine gut funktioniert, kann man sich überlegen, ob man den Hund dahin bringen will, den Hundeführer ohne Leine zur gefundenen Person zu bringen. Bei sehr triebvollen Hunden, die stark an der Leine ziehen, sollte man das unbedingt in Erwägung ziehen. Denn es ist nicht ganz ungefährlich, sich nachts durch den Wald zerren zu lassen, und man will den Hund ja auch nicht bremsen, indem man ständig kräftig dagegenhält.

In dieser Situation bietet es sich an, dem Hund beizubringen, immer etwas vor und zurück zu laufen (10 bis 20 Meter) und den Hundeführer so „mitzuziehen". So bleibt der Hund auch immer im Blick des Hundeführers und damit unter dessen Kontrolle. Außerdem ist das für den Hund kräfteschonender, als wenn er ständig zwischen der gefundenen Person und dem Hundeführer hin- und herpendeln würde.

Dies erreichen wir, indem wir ihn auf seinem Weg zum Helfer immer wieder abrufen, aber auch hier bitte nicht mit einem harten Gehorsams-Kommando, sondern eher motivierend, aber trotzdem bestimmend. Wenn er dann für das Zurückkehren zum Hundeführer ein Leckerchen bekommen hat, wird er mit dem motivierenden Kommando „Zeig's mir" wieder Richtung Helfer losgeschickt. Zu Beginn sollte er recht schnell (nach etwa 5 Meter) zurückgerufen werden, damit er nicht bis zum Helfer läuft.

Anfangs sollte der Helfer auch nicht zu weit entfernt liegen. Er darf aber auf gar keinen Fall vom Hund zu sehen sein, weil sonst sein Drang zum Helfer enorm groß wird. In den ersten Übungen reicht es, wenn wir ihn zwei- bis dreimal rufen. Bald wird der Hundeführer merken, dass sich der Hund plötzlich von allein umdreht und zurückkommt, dann muss er dafür natürlich sofort bestätigt werden einschließlich eines motivierenden verbalen Lobes, denn schließlich ist es ja genau das, was wir haben wollen. Sollte der Hund zwischendurch trotzdem mal bis zum Helfer laufen, ist das auch nicht schlimm, schließlich bekommt er dort ja keine Belohnung. Wenn er danach wieder zum Hundeführer zurückkehrt, freut sich dieser wieder überschwänglich und belohnt ihn.

Jeder Hund wird seine eigene Distanz haben, die er zwischen sich und dem Hundeführer einhält. Manche bleiben auch nur stehen und warten auf den Hundeführer, aber die meisten werden zum Hundeführer zurückkommen und sich ihre Belohnung abholen. Wie bei allen Übungen kann auch hier der Leckerchenkonsum mit der Zeit reduziert werden

Die Umstellung auf das freie Vor- und Zurücklaufen kann auch später noch erfolgen. Man kann durchaus seine erste Prüfung noch mit Leine absolvieren und sich dann bis zur nächsten Prüfung die Zeit lassen, um diese Umstellung vorzunehmen.

Mögliche Probleme beim Freiverweiser

■ Der Hund trennt sich nicht vom Hundeführer oder vom Helfer

Dieses Problem kann man meist schnell mit der Qualität der Leckerchen lösen. Sollte der Drang des Hundes zum Helfer stärker sein als der, zu seinem Hundeführer zu kommen, muss es beim Hundeführer deutlich bessere Leckerchen geben als beim Helfer. Umgekehrt funktioniert das natürlich genauso. Hier sind Fingerspitzengefühl und ein aufmerksamer Ausbilder gefragt.

■ Fehlanzeige beim Hundeführer

Wie bereits einmal angedeutet, kann es zu Fehlanzeigen beim Hundeführer kommen. Die häufigste Ursache liegt in der Erwartungshaltung des Hundeführers. Der Hund liest seinen Hundeführer genau, vor allem sensible Hunde beherrschen das in Perfektion. Der Hundeführer muss lernen, seine Körpersprache unter Kontrolle zu bringen. Auch wenn er ab einem bestimmten Stadium der Ausbildung nicht mehr weiß, ob sein Hund jemanden gefunden hat oder nicht, haben viele trotzdem eine bestimmte Erwartung, wenn sie ihren Hund auf sich zukommen sehen. Man muss lernen, den Hund nicht durch seine Anspannung zu einer Anzeige zu verleiten. Da man sich nicht selbst beobachten kann, ist hier wieder der aufmerksame Ausbilder gefragt.

■ Der Hund zeigt einen Fund auf kurze Distanz nicht an

Das liegt meist daran, dass man an einem bestimmten Punkt der Ausbildung vom Hund weggegangen ist, um den Hund dazu zu bringen, hinterherzukommen und anzuzeigen. Das kann auf kurze Distanz den Effekt haben, dass der Hund glaubt, der Hundeführer habe kein Interesse an diesem Fund. In solchen Fällen muss der Hundeführer in einem leichten Bogen auf den Hund zugehen und ihm die Vorderseite zeigen. Oft reicht es auch, wenn man einfach stehen bleibt. Der Hund weiß ja, was zu tun ist, und wird anzeigen.

Der Bringselverweiser

Ein Rettungshund, der als Bringsler ausgebildet werden soll, sollte gern apportieren wollen. Er sollte auf Kommando alles bringen, was ihm gezeigt wird, und auch das Aus-Kommando beherrschen. Ein Hund, der nicht von Natur aus gern apportiert, sollte auch nicht dazu ausgebildet werden. Es ist natürlich möglich, jedem Hund das Apportieren beizubringen, aber bei vielen Hunderassen bieten sich eher andere Verweisarten an. Wichtig ist, dass der Hund von Anfang an ein Bringsel-Halsband trägt, damit er seine Aufgabe mit dem Halsband verknüpft.

Soll der Hund als Bringsler ausgebildet werden, muss er an das Tragen des Bringsel-Halsbands gewöhnt sein.

Nachdem der Hund in den Eigensuchen gelernt hat, worum es geht (weiträumiges, selbstständiges Suchen, verschiedenste Situationen bei der gefundenen Person) soll er das Ganze nun auf Fremdpersonen übertragen. Dies geht in der Regel sehr schnell.

Die Ausbildung zum Bringselverweiser

Im ersten Schritt lässt man den Helfer sich in etwa 50 Meter Entfernung hinlegen. Allerdings soll der Hund nicht sehen, wie die Person dorthin gegangen ist; dies wäre nur eine Hilfe, die man später abbauen muss. Da der Hund durch die Eigensuche bereits weiß, was er zu tun hat, braucht er diese Hilfe auch nicht. Ein Hund, der über Eigensuche ausgebildet wird, sieht niemals in seiner Ausbildung eine Fremdperson fortgehen. Für ihn ist es selbstverständlich, dass die Person, die seine Belohnung dabei hat, schon im Wald liegt und auf ihn wartet.

Nun also übergibt der Hundeführer seinen angeleinten Hund einem anderen Helfer und begibt sich zum versteckten Helfer. Das sieht der Hund natürlich und wird seinen Hundeführer aufmerksam beobachten. Am Helfer angekommen übergibt der Hundeführer die Belohnung (und natürlich auch das Bringsel, falls der Helfer es nicht sowieso schon mitgenommen hat). Dies geschieht alles in einer ruhigen Atmosphäre und ohne Worte.

Dann geht der Hundeführer zu seinem Hund zurück, zieht ihm die Kenndecke an (erst in diesem Moment, dadurch wird es zu einem Ritual für den Hund und er weiß: Gleich geht es los) und schickt seinen Hund mit dem Suchkommando in die Richtung des versteckten Helfers. Es kann vorkommen, dass der Hund nicht gleich beim ersten Mal versteht, was von ihm verlangt wird. Dann geht der Hundeführer in die Richtung des Helfers, aber ohne dabei etwas zu sagen. Der Hund wird ihm folgen und dann den Helfer entdecken. Da ihm dieser schon den Bringsel-Gegenstand entgegenhält, weiß der Hund normalerweise sofort, was von ihm verlangt wird. Sobald der Hund den Gegenstand aufgenommen hat (unter Umständen muss der Helfer den Befehl „Apport“ sagen, falls der Hund es damit gelernt hat), ruft der Hundeführer den Hund zurück.

Zu Beginn der Ausbildung hält der Helfer dem Hund das Bringsel entgegen.

Sollte der Hund den Helfer nicht verlassen wollen, muss ihn dieser zurückschicken, währenddessen ruft der Hundeführer weiter nach seinem Hund. Der Hund wird nun zum Hundeführer zurückkehren. Dieser steht gelassen, mit geradem Oberkörper, an seinem Platz und freut sich deutlich sichtbar, wenn der Hund zu ihm zurückkommt. Hier kann man, als zusätzliche Anzeige, Sitz oder Platz vom Hund verlangen. Dann hat man eine doppelte Anzeige. Das ist für den Hund keine schwere zusätzliche Aufgabe. Aber das kommt erst später, anfangs reicht es natürlich, wenn der Hund mit dem Bringsel-Gegenstand zum Hundeführer zurückkommt.

Der Hundeführer nimmt nun dem Hund mit dem Aus-Kommando den Gegenstand ab und leint den Hund an. Dann fordert er seinen Hund auf, zum Helfer zurückzukehren („Zeig's mir"). In diesem Augenblick macht der Helfer auf sich aufmerksam und motiviert den Hund, zu ihm zurückzukehren.

RICHTIGES TIMING

Um das richtige Timing hinzubekommen, ist auch hier der Einsatz von Funkgeräten sinnvoll. In diesem Augenblick nämlich ist es wichtig, dass der Hund wieder einen starken Drang zum Helfer entwickelt, deshalb sollte sich der Hundeführer beim Rückweg zum Helfer ruhig verhalten. Beim Helfer angekommen bestätigt ihn dieser entweder mit Futter oder mit einem Spielzeug, je nach der Vorliebe des Hundes. Dieses Rufen des Helfers ist meistens nur wenige Male erforderlich, danach kann es reduziert werden.

Die Anzeigen beim Hundeführer übt man anfangs im Stehen. Gelingt dies ohne Probleme, bewegt sich der Hundeführer, wenn der Hund auf ihn zukommt. Er geht seitlich weg oder läuft einen leichten Bogen. Man sollte nicht gleich am Anfang dem Hund den Rücken zuwenden, denn der Schwierigkeitsgrad darf nur langsam erhöht werden. Der Hund muss auch dann bei seinem Hundeführer anzeigen (sitzen oder liegen, so wie es ihm beigebracht wurde), wenn der Hundeführer in einer ungewöhnlichen Position ist, zum Beispiel im Gespräch mit anderen Personen.

Nun wird die Distanz allmählich erhöht, der Helfer bleibt aber in Sichtweite des Hundeführers. Der Hund wird mit der Zeit selbstständig das Bringsel aufnehmen und zum Hundeführer zurückkehren. Dort liegt oder sitzt er dann vor dem Hundeführer als Zeichen, dass er jemanden gefunden hat, lässt sich den Bringsel-Gegenstand abnehmen und führt den Hundeführer zurück zum Helfer.

Schließlich muss man den Hund an unterschiedliche Geländeformen, auch mit dichtem Gestrüpp, gewöhnen, weil dort der Bringsel-Gegenstand hängen bleiben kann. Man kann auch eine Paketschnur am Bringsel befestigen und dem Hund sanft das Bringsel aus dem Maul ziehen. Gelingt dies dem Helfer, sieht man, ob der Hund sein Bringsel wieder selbstständig aufnimmt. Tut er dies nicht, muss man ihm dies gesondert beibringen.

Jetzt ist der Zeitpunkt gekommen, um das Bringsel am Halsband zu befestigen. Empfehlenswert ist das norwegische Bringsel, weil der Hund dieses nicht verlieren kann. Entscheidet man sich dafür, kann der Hund dieses von Anfang an tragen. Dabei stellt man es anfangs so eng ein, dass der Hund es nicht selbstständig aufnehmen kann, sondern der Helfer ihm dabei helfen muss. Dadurch werden auch Fehlanzeigen vermieden.
Wenn der Hund beim Helfer aktiv mithilft, das Bringsel aufzunehmen, wird das Halsband so verstellt, dass der Hund es selbstständig aufnehmen kann. Die Unterstützung des Helfers kann nun langsam abgebaut werden.

Das norwegische Bringsel kann der Hund auch nicht verlieren, wenn er hechelt, er kann damit sogar trinken, ohne es aus dem Maul zu nehmen.
Benutzt man andere Bringsel, muss man anfangs wieder über kürzere Distanzen gehen, um den Überblick nicht zu verlieren und Fehlanzeigen zu vermeiden. Auch hier ist eine Funkverbindung zwischen Helfer und Hundeführer beziehungsweise Ausbilder nützlich.
Ein möglicherweise auftretendes Problem kann sein, dass der Hund irgendwann nicht mehr komplett bis zum Helfer läuft und schon zum Hundeführer zurück-

Beherrscht der Hund den Bringselverweis, muss das Bringsel so eingestellt sein, dass er es selbstständig aufnehmen kann.

kommt, sobald er Witterung vom Helfer hat, ohne genau zu wissen, wo er überhaupt ist. In so einem Fall muss der Drang des Hundes zum Helfer wieder verstärkt werden. Er kann den Hund wieder einige Male rufen und ihn mit einem besonders schmackhaften Leckerchen bestätigen.

Weiträumiges selbstständiges Suchen

Der Hund kann nun, gleich welche Anzeigeart er gelernt hat, eine fremde Person sicher anzeigen. Ausdauerndes Suchen hat er ja bereits in den Eigensuchen gelernt, das hat er sicher nicht vergessen. Allerdings ist bisher bei den Anzeigen mit Fremdpersonen der Hundeführer immer bis zum Helfer gegangen und war dabei für den Hund sichtbar. Dieses wird nun reduziert.

Dem Hund wird signalisiert, in welche Richtung er sich zur Suche begeben muss.

Erste Stufe

Der Helfer wird jetzt so versteckt, dass der Hund ihn nicht zu früh sehen kann, wenn er sich ihm nähert. Wieder bringt der Hundeführer die Belohnung zum Helfer und geht zum Hund zurück. Die Kenndecke sollte erst unmittelbar vor dem ersten Ansetzen übergezogen werden, als Ritual oder Anschaltknopf für den Hund. Manche Hunde sind aber zu aufgeregt und zappelig, bei denen kann dann die Kenndecke auch schon vorher übergezogen werden, aber bevorzugt werden sollte die andere Variante. Die Bestätigung durch den Helfer erfolgt dann, wie es der Anzeigeart entspricht.

Beherrscht der Hund diese Übung gut, wird im nächsten Schritt der Helfer an einen anderen Platz gelegt, etwa 10 bis 20 Meter von der ersten Stelle entfernt und nicht einsehbar für den Hund. Dabei ist es wichtig, die Windrichtung zu beachten. Der Helfer muss seinen neuen Platz in die Richtung wählen, aus der der Wind kommt. Der Hund muss von der vorherigen Stelle aus Witterung des Helfers bekommen. Der Hundeführer geht an die erste, nun verwaiste Stelle, von dort aus zum aktuellen Platz des Helfers und gibt ihm die Belohnung, natürlich immer, ohne dabei etwas zu sagen. Der Hund soll den Hundeführer ruhig beobachten können, den Helfer soll er dabei aber nicht sehen können.
Der Hundeführer geht durch das Suchgebiet und dirigiert den Hund durch seine Körperbewegungen so, dass dieser das Suchgebiet flächendeckend absucht. Durch Ausnutzung der Windrichtung ist dies sehr schnell und kräfteschonend möglich: einfach in der Mitte durchgehen und den Hund rechts und links suchen lassen (siehe Grafik).

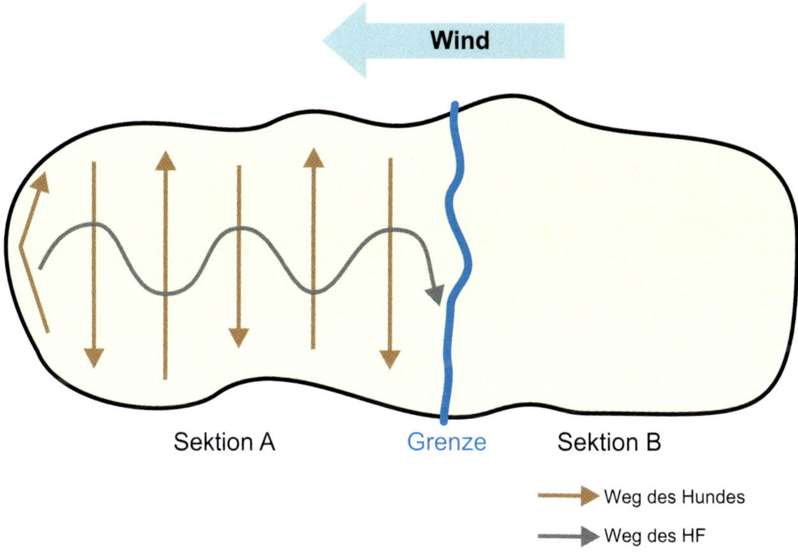

Der Hundeführer geht dann vom Helfer zurück – über die erste Stelle, an der der Helfer lag – weiter zurück zum Hund und setzt ihn mit seinem Suchkommando an, und zwar in Richtung der ersten Stelle. Der Hund wird aus der Erinnerung zur ersten Stelle laufen, zwar nichts finden, aber sofort Witterung oder gegebenenfalls Sichtkontakt vom Helfer bekommen und zu ihm laufen. Dort findet die Bestätigung wie gewohnt statt.

Diese Übung kann man dann noch weiter ausdehnen, indem man den Helfer nun an einen dritten Punkt legt, der vom zweiten Punkt aus ebenfalls gegen den Wind liegt. Man bereitet die Übung wie oben beschrieben vor, indem man über den ersten zum zweiten und dann zum dritten Punkt geht, dem Helfer die Belohnung gibt und den gleichen Weg zurückgeht. Der Hund wird wieder in Richtung des ersten Punktes angesetzt, wird sich dann an die zweite Position erinnern und von dort aus Witterung des Helfers bekommen.

Diese Übung kann man in allen denkbaren Varianten ausführen. Der Hund lernt, die Richtung, die ihm der Hundeführer vorgibt, anzunehmen, weil er dort ja immer Erfolg hat.

Sollte der Hund die Richtung zum Helfer nicht von sich aus annehmen, hilft ihm der Hundeführer. Er geht Richtung Helfer und zieht den Hund durch seine Bewegung mit. Ein kurzes Rufen oder Pfeifen des Hundeführers kann dem unaufmerksamen Hund dabei helfen, die richtige Richtung anzunehmen. Wichtig ist, dass der Helfer keinerlei Aktionen zeigt.

WICHTIG!

Vom Helfer kommen nie irgendwelche Hilfen, die dem Hund das Finden erleichtern. Der Hund würde sich daran gewöhnen und dann darauf warten. Wir wollen aber einen selbstständig arbeitenden Hund und keinen, der nur sucht, wenn er irgendwie angelockt wird.

Die einzige Ausnahme gibt es beim Aufbau von Freiverweisern und Bringslern, wie oben beschrieben, aber dort geht es in der entsprechenden Ausbildungsphase ja nicht um das Finden, sondern um das gemeinsame Zurückkehren von Hund und Hundeführer zum bereits gefundenen Helfer.

Natürlich braucht man nicht für immer bis zum Helfer und zurück zu gehen. Wenn der Hund erst mal gelernt hat, die Richtung anzunehmen und mindestens bis zum ersten Punkt zu laufen, kann man den Weg, den der Hundeführer vorgibt, in der Distanz reduzieren. Erst geht man nur noch den halben Weg bis zum Helfer, dann noch weniger und so weiter.

Ziel ist es, dass man später nur wenige Schritte in die Richtung machen muss, in die man den Hund ansetzen will (der Helfer hat die Belohnung jetzt natürlich schon mitgenommen). Diese kurze Richtungsangabe reicht dem Hund dann schon, um seine gewohnte Distanz (denn Hunde lernen Distanzen einzuschätzen) zu laufen und dort Witterung vom Helfer aufzunehmen. Und bekommt er nicht sofort Witterung, wird er selbstständig anfangen, das Gelände abzusuchen, denn er hat ja gelernt, dass in der Richtung, die ihm der Hundeführer vorgegeben hat, immer jemand für ihn liegt, der eine Belohnung für ihn hat.

Es ist wichtig, dass ein Rettungshund das Gelände selbstständig absucht, falls er nicht sofort Witterung aufnehmen kann.

Dieses darf man natürlich nicht übertreiben und von jungen Hunden zu lange Suchen erwarten. Man muss dieses Motivationspolster, das der Hund durch die Eigensuchen bekommen hat, bei Fremdpersonen langsam aufbauen, dem Charakter und der Motivation des Hundes entsprechend.

ERFOLG IST WICHTIG!

Zu lange erfolglose Suchen sollten grundsätzlich vermieden werden, weil sie kontraproduktiv sind. Der Hund wird zwar anfangs auch erfolglose Suchen motiviert angehen; das wird aber, besonders bei jungen Hunden, bald nachlassen. Da macht man sich unter Umständen viel Arbeit zunichte. Es ist aber trotzdem ein häufig auftretender Fehler.

Suchintensität bekommt ein Hund nicht dadurch, dass er jedes Wochenende im Training eine lange Suche machen muss, bei der er am Ende einmal Erfolg hat. Das kann man mit alten erfahrenen Hunden mal machen, aber bei jungen Hunden und solchen in Ausbildung sollte eine Trainingssuche nie länger als ein paar Minuten dauern. Die lang anhaltende Intensität kommt von selbst, wenn man die Motivation hoch hält und einen Hund im Training nicht bis zur Erschöpfung suchen lässt. Ein Marathonläufer bereitet sich auch nicht auf einen Wettkampf vor, indem er in der Woche vorher dreimal die volle Distanz läuft.

Mit erfahrenen Hunden kann man die Bedingungen bei der Suche schon mal erschweren (a). Die Übungen sollten aber immer mit einem Erfolgserlebnis enden (b).

Hat der Hund bis hierher alles verstanden, kann man eine weitere Steigerung hereinbringen, nämlich dass der Hund mehr auf den Hundeführer achtet.

Zweite Stufe

Bei dieser Übung wird mit dem Wind gesucht, damit der Hund nicht zu schnell findet. Es wird wieder ein Helfer in ein Versteck eingebracht, welches der Hund, wie gewohnt, nach der Markierung durch den Hundeführer schnell findet. Doch nun wird der zweite Helfer, vom ersten Versteck aus gesehen, mit dem Wind versteckt. Wieder wird, wie oben beschrieben, verfahren. Doch der Hund bekommt, wenn er an der ersten Position vorbeiläuft, keine Witterung vom Helfer im zweiten Versteck und wird beginnen, selbstständig zu suchen. In der Zwischenzeit ist der Hundeführer hinterhergekommen und begibt sich in die Richtung des versteckten Helfers in Versteck 2 und zieht den Hund durch seine Körperbewegung mit. Es sind die Anfänge des „körperbetonten Gehens“, das im nächsten Kapitel ausführlich beschrieben wird.

Das gleiche Spiel wiederholt man mit dem Helfer in Position 3. Sollte der Hund manchmal selbstständig über die Helfer stolpern und sie anzeigen, ist das nicht schlimm. Sollte es aber zu oft passieren, sollte man die Helfer erst positionieren, wenn der Hund schon unterwegs ist, um den gewünschten Lernerfolg zu erzielen.

ZIEL ERREICHT!

Wenn man diese Punkte beachtet, bekommt man einen selbstständig arbeitenden Hund, der lang anhaltend sucht, und zwar in die Richtung, die ihm der Hundeführer mit wenigen Schritten vom Ansatzpunkt aus vorgegeben hat. Das korrekte Anzeigen beherrscht er ja schon.

Natürlich kann eine Trainingssuche auch mal nicht so ablaufen wie geplant und der Hund macht aus einer eigentlich kurz geplanten Suche eine größere Aktion. Dann sollte der Hund danach unbedingt ein paar kurze motivierende Anzeigen bekommen, um das Triebpolster zu erhalten. Diese können so aussehen, dass man die Selbstständigkeitsübung, mit dem Verlegen des Helfers in Windrichtung, auf relativ kurze Distanz durchführt.

Dritte Stufe

Durch die letzte Übung lernt der Hund, auf den Hundeführer zu achten, weil der ja die Richtung „kennt", in der es die Belohnung gibt. Hund und Hundeführer verschmelzen bei dieser Übung zu einem Team, weil sich der Hund an der Bewegung des Hundeführers orientiert. Diese Orientierung ist wichtig, wenn wir später auf den Hund so einwirken, dass er trotz gewollter Selbstständigkeit führig und unter Kontrolle, das heißt lenkbar, bleibt.

Natürlich muss man auch darauf achten, dass sich ein Hund nicht zu sehr am Hundeführer orientiert und ihn pausenlos beobachtet und dann nicht mehr genug Selbstständigkeit entfaltet. Es gibt Hunderassen, die für so etwas besonders empfänglich sind wie zum Beispiel Border Collies. So etwas muss bei der Ausbildung natürlich berücksichtigt und genau beobachtet werden. Selbstständigkeit und Kontrolle müssen sich in der Ausbildung die Waage halten. Wir benötigen beides, um einen guten Rettungshund zu bekommen.

Ein Rettungshund sollte zwar selbstständig handeln, aber auch immer unter Kontrolle bleiben und sich am Hundeführer orientieren.

Selbstständig und trotzdem führig

Zu diesem Zeitpunkt der Ausbildung sucht der Hund bereits sehr selbstständig, und zwar vom Ansatz an. Wir wollen ihm nun beibringen, auch während der Suche auf den Hundeführer zu achten und ihm zu folgen. Manche Hunde, die sehr hundeführerabhängig sind, machen dies bereits automatisch. Den meisten muss es aber beigebracht werden. Dabei wenden wir die Technik des „körperbetonten Gehens" an.

Aufbau der Führigkeit durch körperbetontes Gehen

Wie bereits dargelegt, markiert der Hundeführer am Ansatz für seinen Hund die Richtung, in die er laufen soll. Der Helfer liegt natürlich schon in seinem Versteck, ohne dass der Hund ihn gesehen hat. Je nach Hund wird dieser am Ansatz ins Platz gelegt oder von jemandem festgehalten (**Grafik 1**).

Zurück beim Hund zieht der Hundeführer seinem Hund die Kenndecke über (als Ritual, damit der Hund weiß, jetzt geht es gleich los) und schickt ihn wie vorher auch mit dem üblichem Kommando in die Suche. Nachdem der Hund gefunden hat und bestätigt wurde, geht der Hundeführer mit seinem Hund zu seinem Ansatzpunkt zurück.

Nun schickt er den Hund erneut in die gleiche Richtung (**Grafik 2**), in der er eben jemanden gefunden hat, geht aber selbst in eine andere Richtung (**Grafik 3**). In dieser Richtung hat sich vorher ein Helfer erneut versteckt und der Hundeführer lenkt den Hund mit seiner Körperbewegung zu diesem (**Grafik 4**).

Wenn der Hund die Witterung vom Helfer aufgenommen oder ihn gesehen hat, wird er mit dem Hörzeichen „Voran" zum Helfer geschickt (**Grafik 5**).

Es kann auch passieren, dass der Hund zu selbstständig geworden ist und immer allein findet. Dann kann man wie folgt vorgehen: Der Helfer geht noch nicht in sein Versteck, sondern wartet auf die Anweisung sich zu verstecken. Erst wenn der Hund weit genug entfernt ist, um es nicht mitzubekommen, geht der Helfer in ein ihm zugewiesenes Versteck, aber nicht in die gleiche Richtung, in die der Hund gelaufen ist, sondern in eine andere, und zwar nur einige Meter.
Der Helfer sollte vom Hund aus gesehen mit dem Wind versteckt liegen, damit der Hund nicht zu schnell findet und der Hundeführer eine Chance bekommt, ihn zu lenken. Der Hundeführer wartet nun darauf, dass der Hund zurückkommt und zieht ihn dann mit seiner Körperbewegung in die Richtung des Helfers. Einige Meter vor dem Helfer, auf welchen der Hund nun zielstrebig zusteuert, ruft der Hundeführer „Voran" oder ein ähnliches Kommando. Der Hund findet den Helfer und wird bestätigt.

Für den Anfang ist es am einfachsten, wenn man diese Übung an einem Weg durchführt, da die meisten Hunde einen Weg erst einmal eine Zeitlang entlanglaufen, ehe sie in den Wald abbiegen. Deshalb markiert man auf dem Weg in eine Richtung, lässt den Hund in diese laufen und dreht dann selbst aber um und geht in die andere Richtung. Der Helfer hat sich nämlich vorher schon in die andere Richtung gelegt. Wenn nun der Hund auf dem Weg wieder zurückkommt, wird er den Hundeführer überholen und den Helfer finden. Wenn dann der Hundeführer auch noch im richtigen Moment „Voran" sagt, lernt der Hund, dass es sich lohnt, während der Suche auf den Hundeführer zu hören.

Nun wiederholt man die Übung in eine andere Richtung. Am besten schickt man ihn zuerst in die Richtung, in der er eben den Helfer gefunden hat, denn diese Richtung wird er sicher annehmen. Dann legt man den Helfer wieder auf die andere Seite und verfährt weiter wie eben beschrieben.

Man darf es natürlich nicht übertreiben. Irgendwann glaubt der Hund dem Hundeführer nicht mehr und läuft nicht mehr in die von Anfang an vorgegebene Richtung. Das darf auf keinen Fall passieren. Dem beugt man vor, indem man immer mal wieder jemanden auch genau in der Richtung versteckt, die man ihm vom Ansatz her angibt.
Auch hier muss man aufpassen, dass der Hund nicht zu abhängig vom Hundeführer wird und nur noch auf seine Kommandos wartet.

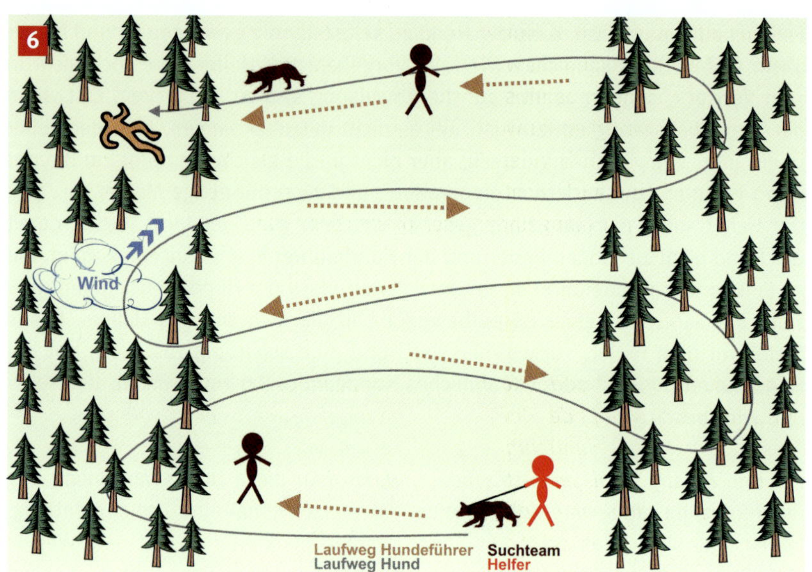

Hat der Hund diesen Schritt bis hier verstanden, kann man die Anzahl der Leer-Schläge, die der Hund machen muss, bevor er findet, erhöhen (**Grafik 6**). Dann findet er erst nach dem dritten oder vierten Schlag, den er nach links oder rechts läuft. Er folgt dabei immer den vom Hundeführer vorgegebenen Richtungen. Dabei muss ein Hund, auch wenn er schon mehrere Leer-Schläge beherrscht, zwischendurch immer wieder mal beim ersten oder zweiten Schlag den Helfer finden, damit die Suchintensität nicht leidet.

Sollte man feststellen, dass während dieser Übung die Schläge immer kürzer werden und statt der gewünschten 50 Meter nur noch 20 Meter vom Hund gelaufen werden, legt der Hundeführer den Helfer auf die gewünschte Entfernung und zieht den Hund, wie oben beschrieben, mit seiner Körperbewegung in die Richtung, damit der Hund wieder die gewünschten Entfernungen annimmt.

Bei dieser Übung sind so viele Faktoren zu berücksichtigen, dass es natürlich auch mal vorkommen kann, dass sie nicht auf Anhieb funktioniert. Wenn der Hund die Witterung des Helfers schon frühzeitig aufnimmt, bevor der Hundeführer ihn durch seine Körperbewegung dorthin gelotst und mit dem Voran-Kommando motiviert hat, ist das aber auch nicht schlimm, dann hat der Hund eben durch seine Selbstständigkeit gefunden. Das war dann zwar nicht der Sinn dieser Übung, aber man zerstört sich dadurch ja nichts. Selbstständigkeit ist immer gut und soll ja gefördert werden. In dem Fall wiederholt man die Übung eben so lange, bis sie klappt.

Die Selbstständigkeit des Hundes darf nicht darunter leiden. Man sieht immer wieder Hunde, die sich nicht weit vom Hundeführer entfernen und diesen ständig aufgeregt beobachten, damit sie auch ja kein Kommando verpassen. Da hat man auf die Selbstständigkeit zu wenig Wert gelegt.
Es gibt natürlich auch Hunde, die sich nicht weit vom Hundeführer entfernen, sich für diesen aber auch nicht besonders interessieren. Aber das ist ein anderes Problem und hat mit mangelnder Suchintensität zu tun.

DER RICHTIGE SUCHRHYTHMUS

Der Hund lernt, sich an der Körpersprache, das heißt der Bewegungsrichtung des Hundeführers, zu orientieren. Er soll selbstständig seine Kreise ziehen, aber dabei auch den Hundeführer beobachten und, wenn dieser einen Richtungswechsel vornimmt, ihm folgen und dort vor ihm suchen. Denn der Hund hat ja gelernt, dass der Hundeführer immer weiß, wo der Helfer mit seiner Bestätigung liegt. Und wenn er dem Hundeführer folgt, kommt er schneller zum Erfolg. Man braucht den Hund nicht durch ständige Kommandos und Heranrufen aus dem Suchrhythmus zu bringen. Selbstständiges Laufen und das Achten auf den Hundeführer gehen nahtlos ineinander über.

Mit dem „Voran" hat man die Möglichkeit, einen schon langsam abbauenden Hund zu motivieren. In einer Prüfung kann man den Hund damit noch einmal motivieren und in den Bereich schicken, der einem noch fehlt. Sollte er dort dann keinen finden, ist das natürlich nicht schön, aber es ist eben nur einmal. Das wird ein gut ausgebildeter Hund verkraften, denn es wird im nächsten Training ja wieder ausgebügelt.
Und im Einsatz kann man einen langsamer werdenden Hund natürlich auch mit „Voran" in eine Richtung schicken, in die sich natürlich vorher schon ein Helfer begeben und hingelegt haben sollte. Aber da man ja im Einsatz nie allein ist, dürfte das kein Problem sein.

Der richtige Umgang mit dem Hund

In diesem Kapitel wird darauf eingegangen, wie der Helfer in der Rettungshundeausbildung mit den verschiedenen Charakteren der Hunde umzugehen hat. Es wird erklärt, dass die richtige Art und der richtige Zeitpunkt der Bestätigung eines anzeigenden Hundes und die richtige Art des Spielens mit dem Hund entscheidend dafür sind, wie sich der Hund entwickelt.
Dies alles sind anspruchsvolle Arbeiten, die nur von einem guten Helfer ausgeführt werden können, und deshalb wird auch auf die besondere Wichtigkeit des Helfers und dessen Ausbildung eingegangen. Abschließend werden noch einige Tipps für Hundeführer und Helfer gegeben, die einem die Ausbildung erleichtern können.

Das richtige Belohnen ist bei der Ausbildung sehr wichtig.

Richtig belohnen

Es ist von enormer Wichtigkeit, dass dem Hund bei der Anzeige seine Belohnung auf die richtige Art und Weise und im geeigneten Moment übergeben wird. Nur so kann der Hund verstehen, was wir von ihm wollen. Obwohl es eigentlich selbstverständlich und eine der Grundlagen für die richtige Hundeerziehung ist, wird es in diesem Buch bei der Beschreibung der einzelnen Übungen auch etwas ausführlicher behandelt.

Bei der ganzen Belohnungsarbeit spielt der Hundeführer keine Rolle mehr, sobald der Hund über die Phase der Eigensuchen hinaus ist. Zwar gibt es auch hier Ausnahmen, aber wir wollen den gewünschten Normalfall behandeln.

Der Grund für die Wichtigkeit des Helfers bei der Belohnung ist klar. Der Hund lernt, dass die Person, die er im Wald (oder wo auch sonst) sucht, sehr interessant ist, denn sie hat ja seine Belohnung.

OPFERBINDUNG

Übrigens gibt es ein großes Missverständnis darüber, was alles zur Opferbindung, das heißt dem Verbleiben des Hundes beim Helfer, gehört. Die Opferbindung endet in dem Moment, in dem der Hund seine Belohnung bekommt. Alles, was danach kommt, hat damit nichts zu tun.

Wenn der Helfer den Hund spielend zum Hundeführer zurückbringt, befriedigt er den Spieltrieb des Hundes, und wenn er das Gleiche mit Futter tut, geht es um den Fresstrieb.

Dies wird natürlich alles angewendet, weil es die Freude des Hundes an der Rettungshundearbeit insgesamt verstärkt. Es hat aber nichts mit der Opferbindung zu tun, die wird dem Hund durch das richtige Verhalten des Helfers während der Anzeige beigebracht.

Die verschiedenen Charaktere

Grundsätzlich müssen die unterschiedlichen Charaktere der Vierbeiner beachtet werden, damit der Helfer richtig mit dem Hund umgeht.

Bei einem unterwürfigen Hund muss der Helfer alles vermeiden, was den Hund erschrecken könnte. Es dürfen keine hastigen Bewegungen gemacht werden – im Gegenteil, die Bewegungen sollten fließend und gleichmäßig sein, damit der Hund nicht erschrickt, wenn der Helfer sich aufrichtet. Solche Hunde zeigen schnell die Tendenz, den Helfer zu verlassen und zurück zum Hundeführer zu laufen.

Der Hund muss auch mit ruhiger und freundlicher Stimme für richtiges Verhalten gelobt werden. Der richtige Mo-

Der Hund sollte immer Freude an der Arbeit haben.

ment der Bestätigung ist hier besonders wichtig; es muss nicht nach der Bestätigung mit dem Hund gespielt werden. Wenn der Hund nach der Bestätigung zum Hundeführer zurück will, darf er es auch. Es sollte nicht darauf bestanden werden, dass der Helfer auf dem Rückweg spielt.

Bei Hunden, die über Leckerchen bestätigt werden, ist es meist anders. Wenn ein Hund wirklich gute Leckerchen beim Helfer bekommt, bleibt auch der unterwürfige Hund auf dem Rückweg in der Regel beim Helfer, der ihn dann auf dem Weg ebenfalls mit einigen Leckerchen bestätigt.
Solche Hunde brauchen einen besonders erfahrenen Ausbilder und gute Helfer und man sollte sich überlegen, ob man sich die Arbeit wirklich machen will. Selbstbewusstsein kann übrigens aufgebaut werden, wenn der Helfer beim Verbellen so tut, als ob er sich erschreckt, und dabei ein wenig nach rückwärts ausweicht.

Die Arbeit mit einem verspielten Hund ist natürlich einfacher. Hier kann der Helfer den Hund ständig zum Spielen auffordern und ihn mit kräftiger und freundlicher Stimme loben. Der Helfer braucht nicht so vorsichtig zu sein, sollte

Bei einem zurückhaltenden Hund muss der Helfer sehr viel Fingerspitzengefühl haben.

aber trotzdem auf fließende Bewegungen achten, damit die Spielfreude des Hundes erhalten bleibt und sogar noch verstärkt wird. Diesem Hund gefällt es von vornherein, mit fremden Personen zu spielen; er wird nicht zum Hundeführer zurücklaufen.

Anders verhält es sich bei einem **zurückhaltenden oder gar ängstlichen Hund**. Hier muss der Helfer besonders viel Fingerspitzengefühl beweisen. Da so ein Hund jeglicher Konfrontation aus dem Weg geht, darf man ihn nie in einen Konflikt bringen, den er nicht selbst zu lösen vermag. Dadurch würde man Meideverhalten gegenüber dem Helfer erzeugen, was natürlich gar nicht erwünscht ist. Bei ängstlichen oder zurückhaltenden Hunden müssen viele kleine Schritte unternommen werden, da der Hund nur dadurch seine Ängstlichkeit mit der Zeit ein wenig verliert. Die Helfer müssen dem Hund Selbstbewusstsein geben, indem sie ihn schnell bestätigen, auch ohne dass er viel bellt. Da Bellen ja wieder einen Konflikt anzeigt, wird es beim ängstlichen Hund immer unsicher bleiben. Um mit so einem Hund zu arbeiten, braucht man viel Zeit und gute Helfer.
Grundsätzlich sollte man sich überlegen, ob es sich lohnt, die Zeit für die Rettungshundeausbildung bei so einem Hund zu investieren. Der Erfolg ist von Anfang an ungewiss und man kann schnell Rückschläge erleiden. Mit guten Helfern, die dem Hund Selbstbewusstsein vermitteln, kann aber auch aus ihnen ein Rettungshund werden.

Ein triebstarker Hund dagegen kann schnell übermotiviert werden. Hier ist der ruhige ausgeglichene Helfer gefragt. Es darf nicht zu viel Motivation vom Helfer auf den Hund überspringen, davon hat er schon genug. Ganz im Gegenteil: So ein Hund muss auch schon mal gebremst werden. Ruhiges sachliches Handeln ist angesagt.
Bei diesen Hunden muss ganz besonders darauf geachtet werden, dass sie von Anfang an Abstand halten, weil sie naturgemäß dazu neigen, im Laufe der Ausbildung der Person immer näher zu kommen und ihre Belohnung nicht nur zu fordern, sondern sich sogar selbst zu holen.

Bei einem triebstarken Hund sollte der Helfer ruhig und ausgeglichen sein.

Die Bedeutung des Helfers beim Belohnen

Beim Belohnen des Hundes kann die Bedeutung des Helfers gar nicht genug betont werden. Am wenigsten Probleme hat man naturgemäß beim verspielten Hund, bei dem kann man fast nichts falsch machen. Aber bei allen anderen muss der Helfer eine kompetente Anleitung bekommen, wie er sich zu verhalten hat. Er muss aber auch selbstständig in der Lage sein zu erkennen, wenn etwas nicht richtig gelaufen ist. Dieses sollte möglichst sofort korrigiert werden, damit es sich erst gar nicht im Verhalten des Hundes festsetzen kann.

SELBSTBEWUSSTSEIN ENTWICKELN

Nur ein Hund mit ausgeprägtem Selbstbewusstsein wird einen Helfer zufriedenstellend anzeigen. Dieses Selbstbewusstsein bekommt er im Zusammenspiel mit dem Helfer (oder auch nicht, wenn dieser es falsch macht).

Viele Hunde, vor allem nicht so triebstarke, verlieren das Interesse am Spiel, wenn sie sich zu sehr anstrengen müssen, um an ihr Spielzeug oder Leckerchen zu kommen. Sie laufen dann mit dem Spielzeug weg und lassen sich vom Helfer nicht mehr dazu motivieren zurückzukommen. Dies geschieht vor allem bei Hunden, die selten oder nie im Spiel mit dem Menschen gewonnen haben.

Läuft der Hund mit dem Spielzeug zum Hundeführer, um mit diesem zu spielen, sollte der Helfer ihn nicht zurückrufen. Das würde nämlich die Opferbindung nicht verstärken, da, wie weiter oben bereits ausgeführt, die Opferbindung nur während der Anzeige am Helfer, aber nicht im darauffolgenden Spiel trainiert wird. Der Helfer sollte auch niemals das Kommando „Aus“ zum Hund sagen, da dieses Kommando für den Hund das Ende des Spielens bedeutet und triebmindernd wirkt. Ausnahme: Es gibt Hunde, für die es das liebste Spiel ist, den Ball wieder dem Helfer zu geben, der ihn dann erneut ein paar Meter wegwirft. Der Hund bringt den Ball zurück und das Spiel beginnt von vorn.

Für viele Hunde ist das Spiel mit dem Helfer die größte Belohnung.

Aus Unsicherheit knurren viele Hunde beim Spielen. Dann ist meistens der Helfer zu dominant aufgetreten und der Hund bekommt das Gefühl, gegen diesen Helfer nicht bestehen zu kön-

nen. (Es gibt natürlich Ausnahmen. Wenn zum Beispiel ein Rottweiler knurrt, ist das nicht unbedingt Unsicherheit. Rottweiler knurren einfach gern, das ignoriert man am besten.)
Wenn ein Hund im Spiel knurrt, darf man ihn nicht während des Knurrens gewinnen lassen. Wenn man weiß, dass der Hund zum Knurren neigt, lässt man das Spielzeug frühzeitig los, bevor der Hund mit dem Knurren begonnen hat. Oder man macht einen Strick an das Spielzeug und spielt dann mit dem Hund. Bleibt nämlich der Helfer beim Spiel etwas mehr auf Distanz, haben viele unsichere Hunde weniger Probleme und es kommt erst gar nicht zum Knurren aus Unsicherheit.
Der Hund macht dadurch die Erfahrung, dass Unsicherheit nicht nötig ist und er auch ohne Knurren zum Erfolg kommt. Das stärkt sein Selbstbewusstsein enorm. Bei sehr unsicheren Hunden braucht man auch gar nicht sehr am Spielzeug zu zerren. Es kurz anzutippen und dann wieder loszulassen führt hier zum Erfolg.

Der Helfer

In der Rettungshundeausbildung ist der Helfer von entscheidender Bedeutung. Leider wird oft zu wenig Wert darauf gelegt, die Helfer entsprechend auszubilden. Jedes Mitglied der Rettungshundestaffel ist Helfer in der Rettungshundeausbildung. Sowohl jeder Hundeführer als auch jedes Mitglied ohne Hund hilft mit, die Hunde der jeweils anderen Mitglieder auszubilden. Dafür müssen sie vom Ausbilder und/oder dem Hundeführer aber eingewiesen werden, denn nicht jeder kann immer über den Ausbildungsstand aller Hunde informiert sein. Dies wird oft vernachlässigt und hat dann negative Folgen. Beim nächsten Training zeigt der Hund dann ein nicht erwünschtes Verhalten und keiner weiß warum. Meist wird dem Hund die Schuld gegeben (ist halt heute nicht gut drauf, war schon die ganze Woche komisch und so weiter). Solche Rückschläge kann man vermeiden, wenn der Helfer über die wesentlichen Dinge vorher informiert wird:

- Wie muss er reagieren, wenn der Hund ankommt (alle Anzeigearten)?
- Auf welchen Abstand muss er bei der Anzeige achten (beim Verbeller)?
- Wie ist das Triebverhalten des Hundes (eher fordernd oder eher zurückhaltend)?

Entsprechend muss der Helfer bei der Anzeige agieren.

Und noch ein Tipp!
Bei der Ausbildung immer nur eine Komponente ändern: Fremdes Suchgebiet – bekannten Helfer nehmen, bekanntes Suchgebiet – fremden Helfer nehmen.

Das richtige Timing

Obwohl nach dem in den vorherigen Kapiteln beschriebenen System die wesentlichen Dinge dem Hund bereits vom Hundeführer bei den Eigensuchen beigebracht wurden, kann ein Helfer diese durch falsches Verhalten wieder zunichte machen.

Beim Belohnen kommt es auch auf das richtige Timing an.

Einen Hund ein paar Mal nicht beim Rückwärtsgehen, sondern beim Vorpreschen bestätigen und es kann sein, dass der Hund anfängt, den Helfer zu bedrängen.

Ein paar Mal einen eher wenig bellenden Hund nicht für das Bellen, sondern in der Pause dazwischen bestätigen und der Hund kann noch zurückhaltender in seinem Bellverhalten werden.

Da kommt es, wie schon mehrfach betont, auf das Timing an. Dieses muss ein Helfer aber erst lernen. Ein unerfahrener Helfer kann einen Hund, der in einer schwierigen Ausbildungsphase ist, schnell um Wochen oder Monate zurückwerfen. Deshalb sind spezielle Ausbildungstermine, in denen weniger auf die Hunde, sondern mehr auf die Helfer geachtet wird, zu empfehlen.

Tipps für Helfer und Hundeführer

- Wenn der Hund mit dem Spielzeug wegrennt, sollte man nicht versuchen, ihn mit einem zweiten Spielzeug zu locken. Denn so ein Hund hat nicht gelernt zu spielen und sichert seine Beute nur. Diesem Hund ist zu oft das Spielzeug nach dem Herankommen sofort abgenommen worden. Beim nächsten Mal sollte man an dem Spielzeug eine lange Leine befestigen und an dieser leicht ziehen und mit dem Hund spielen. Zwischendurch kann man den Hund streicheln und tätscheln, aber sollte nicht an die Beute greifen und versuchen, sie ihm wegzunehmen. Während der Helfer mit dem Hund spielt, kann der Hundeführer näherkommen und den Hund loben und streicheln. Natürlich gibt es auch hier Ausnahmen.

- Hunde, die beim Spielen vom Helfer weglaufen und dann aber von selbst wiederkommen, wollen nur ihren Stress oder ihr Laufbedürfnis abbauen. Sollten die Kreise nicht größer werden, braucht man nichts dagegen zu tun.

- Der Helfer sollte dem Hund nicht direkt in die Augen schauen. Dieses Dominanzverhalten verunsichert viele Hunde. Man sieht dies leider immer wieder, obwohl es bei der Bestätigung überhaupt nicht nötig ist. Will man den Hund für das Bellen bestätigen, hört man ja, wann der richtige Zeitpunkt ist. Will man den Hund für das Einhalten des Abstandes bestätigen, reicht es, ihm auf die Füße zu schauen und zu sehen, in welche Richtung er sich bewegt. Dem Hund in die Augen zu starren, ist unnötig. Erst bei einem erfahrenen Hund sollte es gelegentlich geübt werden, denn man weiß ja nie, auf welche Situationen man im Einsatz trifft.

- Wenn der Helfer zum Beispiel beim Verbellen den richtigen Moment verpasst hat, um den Hund zu bestätigen, ist das nicht schlimm. Dann wartet er halt darauf, dass der Hund noch einmal bellt und bestätigt ihn dann. Nichts ist schlimmer, als nach der ersten verpassten Gelegenheit in Hektik zu verfallen und ungenau zu reagieren. Meistens bekommt man eine zweite oder sogar eine dritte Chance.

- Der Hund sollte vor dem Ansatz nicht gestreichelt werden, denn vielen Hunden nimmt das den Trieb. Man wirkt dann wie eine Art Blitzableiter. Auch das Überbeugen am Ansatz wirkt auf manche Hunde dominant und sollte vermieden werden. Man kann sich besser neben den Hund hocken und ihn dann losschicken.

- Hunde, die unter starkem Stress stehen, werden am besten mit großen Futterbrocken belohnt. Kauen und Schmatzen entspannt die Nerven und wirkt stressabbauend. Die logische Folgerung ist dann natürlich, bei triebschwächeren Hunden eher kleine Futterbrocken zu verwenden, weil große Futterbrocken entspannen. Wir wollen aber einen triebschwächeren Hund nicht auch noch entspannen, sondern er soll sich ganz seiner Arbeit widmen. Man muss dem Hund auch nicht ständig Leckerchen geben. Ein Leckerchen nur zu zeigen reicht oft aus, um den Trieb eine Weile nicht abschwächen zu lassen, manchmal sogar, um ihn zu steigern.

- Wenn der Hund im Umkreis des Helfers herumschnüffelt, anstatt das zu tun, was er gelernt hat, bekommt er vom Hundeführer ein „Nein“ oder etwas Ähnliches. Der Hund weiß, was er zu tun hat, und soll sich nicht ablenken lassen. Unter Umständen muss man den Hund noch einmal kommentarlos anleinen und von einer anderen Seite ansetzen. Wenn das an diesem Tag auch nichts hilft, sollte man den Hund wieder zurück ins Auto bringen. Niemals darf vom Helfer ein Kommando oder Reiz kommen. Das müsste später wieder langwierig abgebaut werden. Die äußeren Reize sind in diesem Augenblick zu viel für den Hund und er lenkt seine Aufmerksamkeit auf diese Gerüche. Das ist nicht ungewöhnlich, sondern entspricht dem typischen Hundeverhalten.

- Bei unsicheren Hunden sollte man nicht bis zum Helfer mitlaufen. Der Hund würde sich daran gewöhnen und es später erwarten. Hier gilt, wie auch bei den meisten anderen Problemen: Den Hund die Probleme möglichst selbst lösen lassen. Zu viel Hilfe schadet mehr, als dass sie nützt. Der Hund muss lernen, sich selbstständig und aktiv mit Problemen auseinanderzusetzen.

- Es ist normalerweise nicht ratsam, bei der Bestätigung Futter und Spielzeug zu verwenden. Die Vermischung zweier Triebe (Futtertrieb und Beutetrieb) hilft dem Hund nicht, denn ein Trieb ist immer dominant. Wenn man zum Beispiel Futter gibt, um ihm ein Spielzeug abzunehmen, verstärkt man damit nicht das Verlangen des Hundes, mit der Beute zu spielen, weil man damit seinen Futtertrieb anspricht. Aber es gibt auch hier Ausnahmen: Bei manchen Hunden hat man mit dem Mischen dieser Triebe gute Erfolge erzielt und wenn man mit dem Ergebnis zufrieden ist, sollte man es auch dabei belassen.

- Es wurde zwar oben schon erklärt, aber, weil es wichtig ist, sei es noch einmal erwähnt: Da Bellen für den Hund, vor allem für einen jungen Hund, einen Konflikt darstellt, sollte das Training mit dem Verbellen nicht zu früh begonnen werden. Erst muss der Hund sicher wissen, was er machen soll; das Bellen (oder eventuell eine andere Art der Anzeige) kommt dann später dazu.

- Hat man einem Hund das Bellen mit Leckerchen beigebracht, kann es passieren, dass der Hund beim Bellen zu viel Speichel bildet. Das kann sein Bellen hemmen. Hier kann man versuchen, ob der Hund auch auf ein Spielzeug reagiert und dafür bellt.

- Bei der Eigensuche braucht der Hund noch keine Kenndecke zu tragen. Er gewöhnt sich sonst auch zu sehr daran. Das Anziehen der Kenndecke sollte als Ritual benutzt werden, welches unmittelbar vor dem Ansatz durchgeführt wird. Der Hund weiß dann: Jetzt geht's los! Aber auch hier gibt es natürlich wieder Ausnahmen: Sollte es zum Schutz des Hundes sinnvoll sein, dass er als Rettungshund erkennbar ist, geht Sicherheit natürlich vor.

Übungen zur Stärkung der Suchkondition und der Suchintensität

Viele Hunde brauchen regelmäßig Übungen, damit ihre Suchkondition und Suchintensität gesteigert werden können. Diese Übungen kann man überall und bei jedem Spaziergang in den Alltag mit einbauen. Wichtig ist es nur, darauf zu achten, dass der Hund nicht über- oder unterfordert wird. Und ein bereits sehr triebstarker Hund braucht keine Intensivübungen zur Suchintensität, sonst bekommt man einen zu motivierten Hund, was wiederum in anderen Bereichen zu Problemen führen kann. Den richtigen Mittelweg zu finden ist hier, wie überall, die Kunst.

Ein regelmäßiges Konditionstraining ist wichtig.

Konditionstraining

Mit einer einfachen Übung kann man die Suchkondition, das heißt die Dauer, die ein Hund mit intensivem Suchen verbringt, verlängern. Dazu lässt man den Hund von einem Helfer festhalten, ohne dass dieser auf den Hund einwirkt. Wenn der Hund das sichere Ablegen beherrscht, kann man ihn auch hinlegen oder sogar an einem Baum anbinden.

Vor den Augen des Hundes tut der Hundeführer nun so, als würde er ein offen in der Hand getragenes Spielzeug irgendwo verstecken. Er bückt sich deutlich bei verschiedenen Büschen und für den Hund sieht es so aus, als würde das Spielzeug nun irgendwo dort auf ihn warten. Aber der Hundeführer legt es nirgends ab, sondern steckt es unauffällig ein, was der Hund natürlich auf keinen Fall sehen darf. Mit einem Kommando (nicht mit dem Kommando, mit dem man den Hund in die Suche schickt!) wird der Hund losgelassen und er fängt an, sein Spielzeug zu suchen. Wenn der Hundeführer meint, der Hund hat nun lange genug gesucht, lässt er das Spielzeug unauffällig fallen, und zwar so, dass der Hund nicht mehr lange braucht, um es zu finden.
Manchen stellt sich jetzt vielleicht die Frage: Warum so kompliziert und nicht einfach das Spielzeug gleich verstecken und es vom Hund finden lassen? Weil man dann keine Kontrolle über die Suchdauer hat. Wenn man das Spielzeug nicht gleich versteckt, sondern erst nach einiger Zeit fallen lässt, kann man so sukzessive die Kondition erhöhen. Wenn der Hund seine Beute schließlich gefunden hat, freut man sich überschwänglich mit dem Hund und spielt ausgelassen mit ihm.

Für Hunde, die mit Leckerchen ausgebildet werden, kann man ein Futter-Dummy nehmen, also einen Behälter, den der Hund zum Hundeführer bringt, damit dieser es öffnen kann und der Hund so seine Belohnung erhält. Wenn der Hund aber nicht gern apportiert, ist es nicht unbedingt notwendig, dass er den Behälter bringt. Es reicht dann aus, dass er ihn findet. In dem Fall geht der Hundeführer zum Hund, öffnet das Dummy und der Hund bekommt seine Belohnung.

WICHTIG!

Ganz wichtig ist bei dieser gesamten Übung, dass man den Hund nicht lenkt. Er soll selbstständig suchen und finden, sonst gewöhnt sich der Hund daran, dass wir ihm helfen. Der Grundsatz, dass der Hund weitestgehend selbstständig zum Ziel kommen soll, zieht sich durch die gesamte Ausbildung.

Die Dauer, die ein Hund mit der Suche verbringt, sollte langsam erhöht werden, aber zwischendurch auch regelmäßig wieder nur ganz kurz sein.

Ist der Hund bei der Übung abgelenkt und interessiert sich für andere Dinge, sollte man die Übung sofort abbrechen und neu beginnen. Dann muss man die Belohnung aber wirklich gleich verstecken und zwar so, dass der Hund sie schnell findet. Der Hund hat so ein schnelles Erfolgserlebnis und man beendet die Übung positiv.

Der Hundeführer sollte sich angewöhnen, sich während der Suchzeit des Hundes von Anfang an im Suchgebiet zu bewegen. Dann ist es leichter, den Gegenstand unbeobachtet fallen zu lassen.
Man kann es später auch so machen, dass die Beute ganz woanders liegt und man den Hund während der Suche mit seinen Körperbewegungen dorthin lotst. Dabei lernt der Hund auch gleich, auf den Hundeführer zu achten. Zwischendurch sollte der Hund auch immer mal wieder die Beute schnell finden. Dazu legt man den Ball wirklich dort ab, wo man es angedeutet hat.

Steigerung der Suchintensität

Vor den Augen des abgelegten oder festgehaltenen Hundes stellt man sich mit beiden Füßen auf die Beute, und zwar so, dass ein Stückchen der Beute noch herausschaut. Man kann auch ein kleines Brett auf die Beute legen und sich darauf stellen, dann ist es manchmal einfacher.
Nun lässt man den Hund los und er wird versuchen, seine Beute hervorzuziehen, was man ihm ziemlich erschwert, aber letztendlich doch zulässt. Der Hundeführer gibt durch Gewichtsverlagerung immer mehr von der Beute preis, bis der Hund sie schließlich erringt. Dabei kann der Hundeführer den Hund ruhig anspornen und loben. Da der Hund auch hier immer zum Erfolg kommt, wird sein Selbstbewusstsein enorm gestärkt.
Mit dieser Übung verstärkt man die Intensität der Suche (oder auch den Beutetrieb, wenn man so will). Für Hunde mit mäßigem Beutetrieb ist diese Übung besonders gut geeignet. Hunde, die bereits einen sehr starken Beutetrieb und ein ausgeprägtes Selbstbewusstsein haben, benötigen diese Übung nicht.

Wichtig sind folgende Punkte:

- Man sollte den Druck langsam erhöhen, sodass der Hund immer mehr um seine Beute kämpfen muss.
- Man sollte den Hund bei der Arbeit bestärken, aber nicht dominieren (sich zum Beispiel nicht über ihn beugen oder Ähnliches). Man darf den Hund während der Übung ruhig durch Klopfen an den Flanken oder am Hinterteil und mit der Stimme aufmuntern. Das steigert die Intensität noch einmal.
- Man kann diese Übung auch gut auf Sandboden durchführen, dann kommt der Hund durch Scharren im Sand zum Erfolg. Das macht den meisten Hunden enorm viel Spaß. Auch mit Leckerchen kann hier wieder unter Zuhilfenahme eines Dummys gearbeitet werden.

Eignungstest und Prüfungsordnung

Damit ein Hund ein Rettungshund wird, muss er verschiedene Prüfungen und Tests über sich ergehen lassen. Wie dies abläuft, soll hier beispielhaft anhand der gemeinsamen Prüfungsordnung einiger der größten deutschen Hilfsorganisationen erläutert werden.
Andere Organisationen haben etwas andere Prüfungsordnungen, aber sie haben alle dasselbe Ziel: einen einsatzbereiten Rettungshund hervorzubringen.

Das Ziel ist es, einen gut ausgebildeten und einsatzbereiten Rettungshund an seiner Seite zu haben.

Der Eignungstest

Zu Beginn der Rettungshundekarriere steht bei den Hunden der Eignungstest. Dieser sollte recht bald stattfinden, wenn man sich dazu entschlossen hat, die Rettungshundeausbildung anzugehen. Der Eignungstest ist sowohl für junge als auch für ältere Hunde geeignet. Bei ganz jungen Hunden wird darauf geachtet, dass der Eignungstest altersgerecht durchgeführt wird, das heißt, auch hierbei sollte auf die sensiblen Phasen der Welpenentwicklung ebenso wie auf den Zahnwechsel Rücksicht genommen werden. Während des Zahnwechsels sind

Zerrspiele mit einem Hund natürlich nur mit äußerster Vorsicht anzugehen. Beim Eignungstest wird der Hund verschiedenen Situationen ausgesetzt und seine Reaktionen werden bewertet. Nicht nur der Charakter des Hundes wird damit getestet, sondern auch sein Verhältnis zum Hundeführer. Gerade für einen jungen Hund ist so ein Eignungstest ein beachtlicher Stressfaktor, weil alle Testelemente hintereinander absolviert werden müssen. Damit kann man unter anderem auch erkennen, wie belastbar ein Hund ist.

BESTANDEN!

Besteht ein Hund den Eignungstest, entscheidet die jeweilige Organisation, ob sie mit diesem Hund die Rettungshundeausbildung beginnt. Ein Anrecht darauf bekommt man damit nicht. Aber normalerweise entsendet man Hunde, die man aus irgendwelchen Gründen auch gar nicht haben will, erst gar nicht zu einem Eignungstest.

Die einzelnen Übungen werden ähnlich wie in der Schule bewertet, es gibt Benotungen von 1 bis 5, wobei eine 1 vergeben wird, wenn der Hund alle Voraussetzungen für einen Rettungshund in vorbildlicher Weise erfüllt. Bei Bewertungen von 2 bis 4 ist der Hund mit Einschränkungen geeignet. Wird der Hund mit einer 5 bewertet, gilt er als ungeeignet für die Rettungshundeausbildung. Dies geschieht zum Beispiel, wenn der Hund zu ängstlich oder aggressiv ist.

Verhalten gegenüber Fremdpersonen

In den ersten Übungen des Eignungstests wird überprüft, wie sich der Hund unbekannten Personen gegenüber verhält. Dazu stellen sich einige Personen im Kreis um den Hundeführer herum auf. Dann ruft nacheinander jeder den Hund. Dieses wird dreimal hintereinander durchgeführt. Beim ersten Mal wird der Hund nur von den Personen, die ihn gerufen haben, gestreichelt; beim zweiten Mal soll er von den Personen Futter annehmen; beim dritten Mal versuchen die Personen, mit einem Spielzeug den Hund zu einem kurzen Spiel zu animieren. Der Hundeführer verhält sich dabei neutral.
Nach dieser Übung sieht man, ob der Hund Vertrauen zu fremden Personen hat oder ob er ängstlich, unsicher oder aggressiv ist.

Danach stellt sich der Hundeführer mit seinem Hund neben sich auf einen freien Platz und die Fremdpersonen kommen auf den Hundeführer zu und engen ihn ein, ähnlich wie in einem Fahrstuhl. Dieses wird mehrfach in verschiedenen Geschwindigkeiten wiederholt. Auch hier beeinflusst der Hundeführer seinen Hund nicht, denn man will sehen, wie der Hund sich verhält.

Beim Eignungstest wird auch geprüft, ob sich der Hund von einer fremden Person tragen lässt.

Als Nächstes wird getestet, ob sich der Hund von einer Fremdperson tragen lässt. Diese geht etwa 20 Schritte mit dem Hund, ehe der Hund abgesetzt wird und er zu seinem Hundeführer zurücklaufen darf.

Nun erfolgt eine Übung, bei der viel Bewegung ins Spiel kommt. Während der Hund neben seinem Hundeführer steht, kommt eine Person angelaufen und stolpert unvermittelt vor dem Mensch-Hund-Team und fällt hin. Kurz danach steht die Person wieder auf und läuft weg.
Auch hier wird bewertet, wie der Hund auf so eine Situation reagiert. Er darf weder zu ängstlich noch aggressiv sein. Erschrecken darf sich der Hund natürlich, aber er soll nicht übertrieben ängstlich sein. Er darf auch zu der kurz vor ihm liegenden Person hingehen und neugierig die Lage erkunden.

Verhalten bei optischen Umwelteinwirkungen

Hierbei wird überprüft, wie gelassen und sicher der Hund auf optische Reize reagiert. Ein Rettungshund muss gute Nerven haben und darf sich durch plötzlich auftauchende unbekannte Dinge nicht irritieren lassen. Bei diesen Übungen ist der Hund angeleint.

- Ein großes Tuch wird von mehreren Personen hochgehalten und der Hundeführer geht mit seinem Hund darunter hindurch.

- Eine leere Tonne lässt man langsam auf den Hund zurollen.
- Ein Regenschirm wird plötzlich aufgespannt, aber nicht direkt gegen den Hund oder Hundeführer.
- Eine Person mit einem flatternden Umhang geht auf den Hund zu. Dadurch werden die Körperumrisse der Person verändert und man will sehen, wie der Hund auf so etwas reagiert.

Spielen mit einem Gegenstand

Hierbei soll getestet werden, wie stark der Beutetrieb des Hundes ist. Eine fremde Person spielt intensiv mit dem Hund, die Beute wird zwischendurch losgelassen, dann wieder festgehalten oder auch mal kurz versteckt. Hierbei sieht man, wie stark der Drang des Hundes zur Beute ist und ob er auch gern mit Fremden spielt, wenn diese mal etwas stärker an der Beute zerren. Auch hierbei soll der Hundeführer den Hund nicht beeinflussen.

Verhalten bei akustischen Einwirkungen

Auch die Reaktion des Hundes auf laute Geräusche wird getestet. Hierbei ist es besonders wichtig, dass bei jungen Hunden Rücksicht auf ihr Alter genommen wird. Man darf Welpen natürlich nicht dem gleichen plötzlich auftretenden Lärm aussetzen wie einen älteren Hund. Die Hunde sollen beim Eignungstest ja keinen Schaden nehmen.

Der Hund wird mit folgenden Situationen konfrontiert:

- Ein Auto beziehungsweise ein Moped fährt langsam vorbei und hupt.
- Es wird mit einem Werkzeug gegen eine Metallplatte oder Metalltonne geschlagen.
- Es laufen laute elektrische Geräte wie Bohrmaschine oder Rasenmäher.

Natürlich muss eine gewisse Distanz zu den Geräten eingehalten werden, damit der Hund oder der Hundeführer nicht verletzt wird.

Verhalten bei Feuer und Rauch

Der Hund darf sich auch nicht zu sehr von Feuer oder Qualm beeinflussen lassen. Er soll ihm natürlich aus dem Weg gehen, aber er darf nicht in Panik geraten. Dazu lässt man den Hund an einigen Feuerstellen vorbeigehen und bewertet seine Reaktion.

Verträglichkeit mit anderen Hunden

Auch die Verträglichkeit mit anderen Hunden wird getestet. Dazu stehen einige Personen mit Hunden in einer Reihe und der Hundeführer geht mit seinem Hund

Die Verträglichkeit mit anderen Hunden ist Voraussetzung für die spätere Rettungshundearbeit.

zwischen ihnen hindurch. Dabei kann man gut erkennen, wie der Hund auf Artgenossen reagiert. Er darf freundlich interessiert an den anderen Hunden sein, Aggressivität ist aber nicht erwünscht.

Gewandtheit (Gerätearbeit)

Bei dieser Übung wird der Hund dazu gebracht, über eine Bohle zu laufen. Er muss auch durch einen Tunnel laufen und wird zum Abschluss über einen Untergrund mit wackeligen und unterschiedlichen Materialien geführt. Dies muss ein Hund besonders dann gut beherrschen, wenn er zum Trümmersuchhund ausgebildet werden soll.

Verweistest

Zum Abschluss versteckt sich der Hundeführer in einem vorbereiteten Versteck. Der Hund wird dabei von einem Helfer festgehalten und kann sehen, wohin sein Hundeführer läuft. Ist der Hundeführer im Versteck, lässt der Helfer den Hund los. Dieser soll versuchen, zu seinem Hundeführer zu gelangen. Das ist normalerweise einfach, weil der Hundeführer nur durch eine Plane oder etwas Ähnlichem von seinem Hund getrennt ist. Wenn der Hund zu seinem Hundeführer durchgedrungen ist, darf dieser ihn loben und belohnen.

ANGST IST UNERWÜNSCHT

Bei keiner der Übungen des Eignungstests darf der Hund ein zu ängstliches oder aggressives Verhalten an den Tag legen. Zeigt er dieses, hat er den Eignungstest nicht bestanden.

Die Rettungshundeprüfung für den Flächensuchhund

Nach Abschluss der etwa zweijährigen Ausbildung zum Rettungshund erfolgt dann die Rettungshundeprüfung. Diese ist sehr anspruchsvoll, versetzt sie doch den Hund und seinen Hundeführer in den Status eines einsatzbereiten Rettungshundeteams.
Um überhaupt an der Prüfung teilnehmen zu dürfen, müssen einige Voraussetzungen für Hund und Hundeführer erfüllt sein. Dazu gehören ein bestandener Eignungstest sowie das Einhalten der Altersgrenze für den Hund von höchstens sieben Jahren.
Es ist selbstverständlich, dass für den Hund eine Haftpflichtversicherung abgeschlossen wurde und eine gültige Impfung gegen Staupe, Tollwut, Parvovirose, Leptospirose und Hepatitis erfolgt und in seinem EU-Heimtierausweis eingetragen ist.

Der Hundeführer muss mindestens 18 Jahre alt und aktives Mitglied einer Hilfsorganisation sein. Der Hundeführer muss außerdem nachweisen, dass er zu diesem Zeitpunkt in folgenden Bereichen umfassend ausgebildet wurde:

- Sanitätsausbildung
- Erste Hilfe am Hund
- Kynologie
- Kartenkunde
- Einsatztaktik und Lagebeurteilung
- Transport von Hunden
- Unfallverhütung
- Funkverkehr

Die Prüfung für Flächensuchhunde besteht aus vier Teilprüfungen, die in dieser Reihenfolge von zwei Prüfern abgenommen werden:

- Fachfragenprüfung
- Verweisprüfung
- Gehorsamsprüfung
- Flächensuchprüfung

Jede Teilprüfung muss bestanden werden, um mit der nächsten Teilprüfung fortsetzen zu können. Sollten der Hundeführer und der Hund zum Beispiel die Gehorsamsprüfung nicht bestanden haben, darf der Hundeführer mit seinem Hund nicht mehr zur Flächensuchprüfung antreten. Die Prüfung gilt dann als nicht bestanden.
Sollte der Hundeführer mit seinem Hund die Prüfung bestanden haben, wird ihm mündlich das Ergebnis mitgeteilt. Natürlich werden ihm auch die Gründe für ein Nichtbestehen der Prüfung sofort genannt. Die Bewertungen erfolgen auch hier mit den Noten 1 bis 5, wobei eine 1 eine vorzügliche Arbeit ist, während eine mit 5 bewertete Prüfung nicht bestanden ist.
Die Prüfung muss alle 18 Monaten wiederholt werden, damit der Hundeführer mit seinem Hund weiterhin in den Flächeneinsatz gehen kann.

1. Teil: Die Fachfragenprüfung

Hierbei wird das theoretische Wissen des Hundeführers abgefragt. Die Fragen dieser Teilprüfung kommen aus folgenden Bereichen:

- Erste Hilfe am Menschen
- Erste Hilfe am Hund
- Kynologie
- Orientierung und Kartenarbeit
- Einsatztaktik Trümmersuche
- Einsatztaktik Flächensuche
- Sprechfunk/Funktechnik
- Trümmerkunde
- Unfallverhütung und Sicherheit im Einsatz
- Verhaltensgrundsätze beim Transport von Hunden

Bei der Prüfung muss der Hund selbstständig und eindeutig verweisen, in diesem Fall durch Verbellen.

2. Teil: Die Verweisprüfung

Zu Beginn der Verweisprüfung gibt der Prüfling bekannt, wie sein Hund verweist (Verbellen, Bringseln oder Freiverweis).
Bevor sich der Hundeführer beim Prüfer anmeldet, hat sich bereits eine Person gut sichtbar in etwa 30 Meter Entfernung hingelegt. Der Hundeführer schickt seinen Hund zur Person. Dort soll der Hund selbstständig und eindeutig verweisen. Daraufhin geht der Hundeführer zum Hund und legt diesen in einigen Metern Entfernung zur Person ab.

Bei dieser Übung darf die Person nicht verletzt oder massiv bedrängt werden. Hat ein Hund, der als Verbeller ausgebildet wurde, nicht gelernt, Abstand zu halten und die Person nicht zu berühren, kann schon hier ganz schnell die Prüfung beendet sein. Auch ist es möglich, dass ein Hund eine Person zu stark bedrängt oder gar schädigt, ohne dass der Hund die Absicht hatte. Wenn ein Hund zu nah an der Person bellt, kann es schnell zu einem unerwünschten Kontakt kommen. In dieser Übung erkennt man, ob der Hund eine solide Ausbildung genossen hat oder nicht. Freiverweiser oder Bringsler haben normalerweise kein Problem mit dem Bedrängen, weil diese ja schnell wieder zum Hundeführer zurücklaufen. Aber auch hier kann eine mangelhafte Ausbildung schnell zum Ausschluss führen. Wenn sie aber in der Ausbildung gelernt haben, dass sie ihr Leckerchen vom Fuß bekommen, werden sie sich nicht für das Kopfende der Person interessieren und damit ist ein Durchfallen durch die Prüfung wegen Belästigung schon sehr unwahrscheinlich.

3. Teil: Die Gehorsamsprüfung

Um die Gehorsamsprüfung zu bestehen, muss in mindestens sechs der acht Prüfungselemente eine ausreichende Leistung (Bewertung 4) gezeigt werden. Die Übungen müssen in der Reihenfolge durchgeführt werden, wie sie in der Prüfungsordnung stehen. Es werden immer zwei Teams gleichzeitig geprüft, wobei ein Hund an einem bestimmten Ort abgelegt wird und dort so lange liegen muss, bis der andere Hundeführer seine Gehorsamsprüfung beendet hat.

Prüfungselemente der Gehorsamsprüfung

Freifolge

Der Hundeführer geht mit dem nicht angeleinten Hund an seiner linken Seite etwa 40 Schritte normalen Schrittes geradeaus und kommt auf gleicher Line zurück. Hier müssen die Gangarten normales Gehen, langsames Laufen und langsames Gehen gezeigt werden. Ebenfalls müssen Rechts-, Links- und Kehrtwendungen gezeigt werden. Die Freifolge ist mit der Freifolge der Begleithundeprüfung vergleichbar.

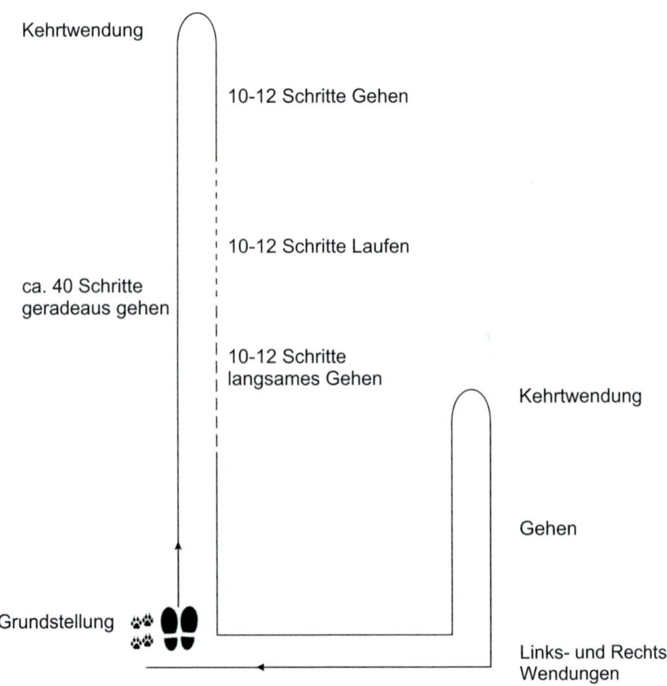

HINWEIS

Bei der Gehorsamsprüfung wird Leinenführigkeit nur bei der Personengruppe mit Hunden verlangt. Diese Leinenführigkeit sollte aber nicht vergessen werden! Ich empfehle immer, auch mit Leine zu üben, damit der Hund ständig unter Kontrolle ist. Außerdem empfehle ich auch, an belebten Orten den Gehorsam zu üben. Und an einer befahrenen Straße kommt hoffentlich sowieso keiner auf die Idee, die Leine zu lösen!

Personengruppe

In dieser Übung wird überprüft, wie sich der Hund gegenüber Menschen und anderen Hunden verhält. Dazu muss der Hundeführer mit seinem Hund durch eine Gruppe von Menschen gehen, die sich langsam bewegen. Dieser Teil wird freifolgend, also ohne Leine, durchgeführt. Anschließend muss der Hundeführer mit seinem nun angeleinten Hund die Menschengruppe, in die sich zwei Personen mit Hunden dazugesellt haben, ebenfalls durchqueren. Die Hunde, die sich in der Gruppe befinden, sollten ein Rüde und eine Hündin sein.

Hund in der Freifolge

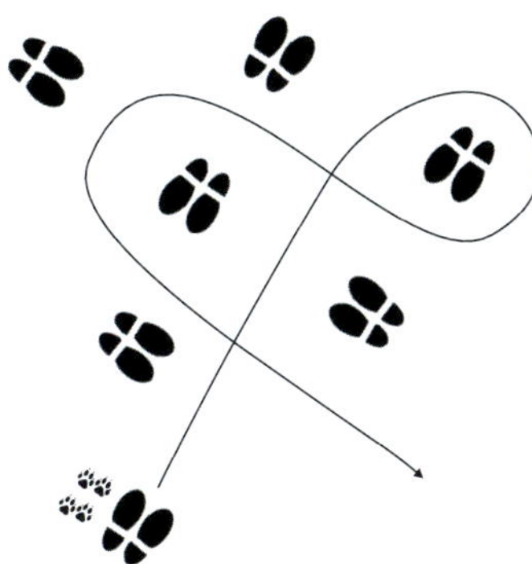

Grundstellung / Gehen

Hund ist angeleint

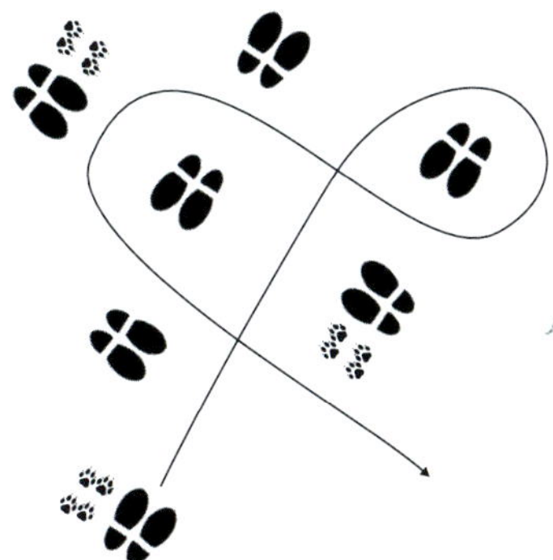

Grundstellung / Gehen

HINWEIS

Die Hunde müssen bei dieser Übung keinen unmittelbaren Kontakt aufnehmen und deshalb würde ich darauf achten, dass mein Hund den anderen Hunden und auch den anderen Menschen nicht zu nahe kommt. Denn schließlich sind die meisten Hunde neugierig und würden gern Kontakt aufnehmen. Vielleicht hat auch die eine oder andere Person Leckerchen in der Tasche, ohne dass das böse Absicht sein muss. Man will sich die Übung ja nicht unnötig erschweren.

Sitz

Der Hundeführer geht mit seinem freifolgenden Hund 10 bis 12 Schritte aus der Grundstellung heraus und gibt dann aus der Bewegung heraus das Sitz-Kommando, welches der Hund unmittelbar auszuführen hat. Der Hundeführer geht noch 20 Schritte weiter, bleibt stehen und dreht sich um. Auf Anweisung der Prüfer geht er dann zum Hund zurück.

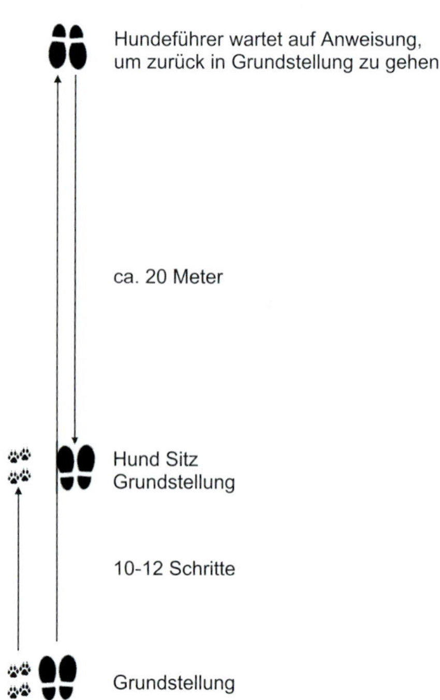

Steh

Die Übung mit dem Steh-Kommando erfolgt ebenso wie die Sitz-Übung. Der Hundeführer begibt sich in die Grundstellung und gibt nach etwa 10 bis 12 Schritten das Kommando Steh und geht 20 Schritte weiter. Auf Anweisung der Prüfer geht der Hundeführer wieder zurück, stellt sich neben den Hund und verlangt eine Grundstellung vom Hund.

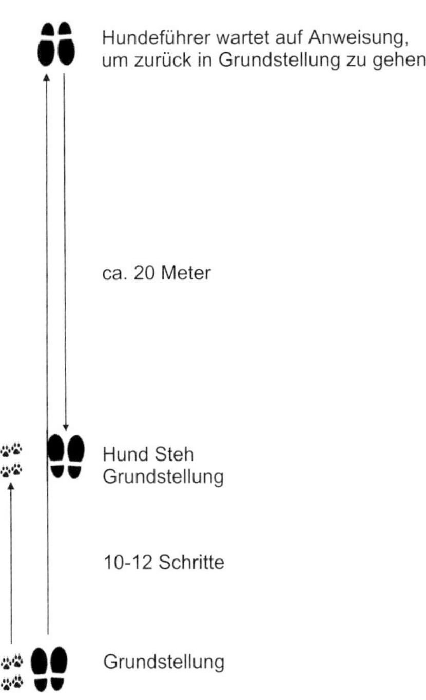

Platz

Beim Platz wird der Hund wieder von der Grundstellung aus nach 10 bis 12 Schritten ins Platz gelegt. Der Hundeführer geht weiter, dreht sich zum Hund und ruft ihn nach Aufforderung der Prüfer in die Grundstellung. Sollte der Hund vorsitzen, ist das auch nicht fehlerhaft. Er kann aber auch sofort um den Hundeführer herumlaufen und sich dort in die Grundstellung begeben.

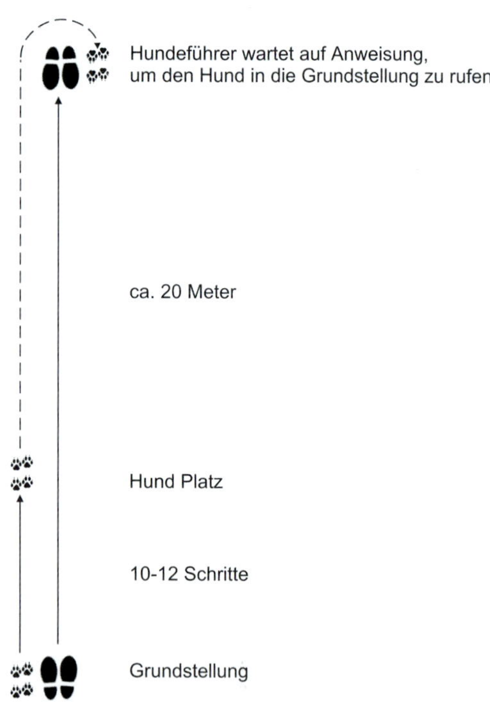

HINWEIS

Man sieht immer wieder bei den Prüfungen die Führerhilfen des Hundeführers. Diese Hilfen können auch weiterhin gegeben werden, wenn man sie noch braucht. Natürlich sollte es das Ziel sein, irgendwann diese Führerhilfen nicht mehr zu benötigen, aber solange man sie braucht, ist es besser, man gibt sie auch in der Prüfung, als zu riskieren, dass der Hund die Übung komplett falsch ausführt.

Voraussenden

Bei dieser Übung soll der Hund in die Richtung laufen, die ihm der Hundeführer angibt. Nach etwa 20 Metern bekommt er vom Hundeführer das Kommando „Platz“ oder „Steh“, welches er sofort auszuführen hat. Wichtig ist, dass der Hund an der Stelle bleibt, an der er das Kommando bekommen hat, und sich dort von seinem Hundeführer abholen lässt.

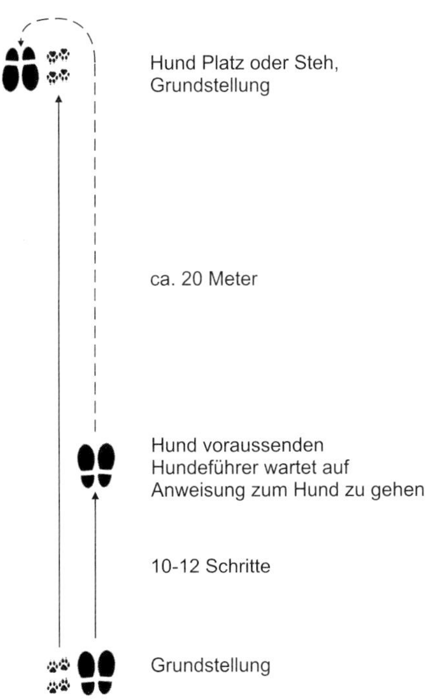

Detachieren

Das Detachieren, welches alternativ zum Voraussenden verwendet werden kann, ist eine nützliche Sache, auch und vor allem im Einsatz. Der Hund wird beim Detachieren zu drei Gegenständen geschickt, die in etwa 20 Metern Entfernung aufgestellt werden. Das können Gegenstände unterschiedlicher Art sein.
Zu beachten ist, dass diese drei Gegenstände in der richtigen Reihenfolge angelaufen werden, die vorher von den Prüfern festgelegt wird. An jedem dieser Gegenstände hat der Hund zu verharren und auf das nächste Kommando des Hundeführers zu warten. Zum Abschluss wird der Hund vom Hundeführer zurückgerufen und begibt sich wieder in die Grundstellung.

Diese Übung ist korrekt ausgeführt, wenn alle Gegenstände sofort und direkt angenommen werden, ohne dass der Hundeführer den Hund korrigieren muss.

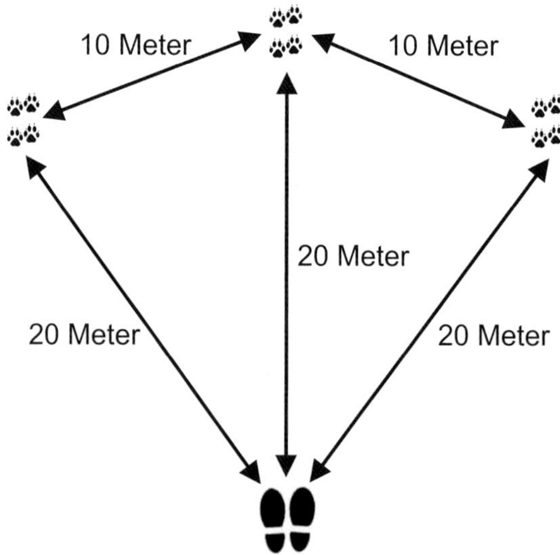

Tragen

Mit der Trageübung wird überprüft, ob der Hund sich vom eigenen Hundeführer hochheben lässt und einer fremden Person übergeben werden kann. Aus Sicherheitsgründen muss hierfür bei den meisten Hilfsorganisationen dem Hund ein Maulkorb angelegt werden. Die Durchführung sieht so aus, dass der Hundeführer seinen Hund hochhebt, mit ihm 10 Meter geht und ihn dann einer Fremdperson übergibt. Dieser geht noch einmal 10 Meter, setzt den Hund dann ab und dieser wird vom Hundeführer zurückgerufen und in die Grundstellung gebracht.

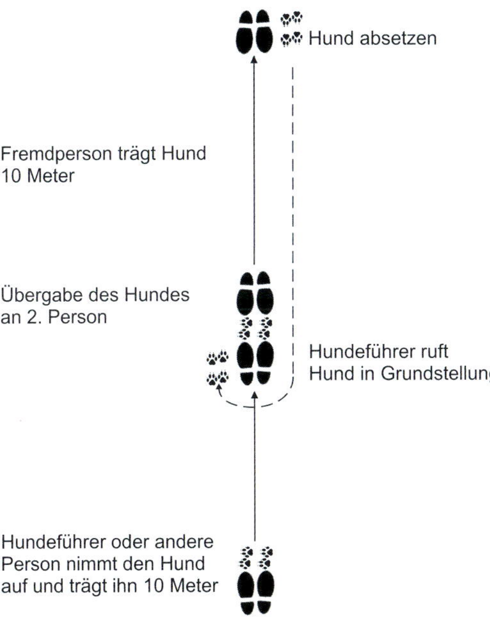

HINWEIS

Oft sieht man bei den Prüfungen, dass die Hunde es offensichtlich nicht gewohnt sind, einen Maulkorb zu tragen und damit Probleme haben. Sie sind dann sehr damit beschäftigt, diesen zu entfernen und hören nicht auf Kommandos. Deshalb sollte das Tragen des Maulkorbes ausreichend geübt werden. Außerdem muss der Maulkorb so konzipiert sein, dass der Hund genug Platz zum Hecheln hat.

Ablegen

Das sichere Ablegen ist für einen Rettungshund eine wichtige Voraussetzung. In der Rettungshundeprüfung wird das überprüft, indem ein Hund mit „Platz“ abgelegt wird und liegen bleiben muss, während ein anderer Hund in seiner Sichtweite seine Gehorsamsübungen ausführt. Der Hundeführer befindet sich unterdessen außer Sicht des abgelegten Hundes. Er holt seinen Hund aus dem Platz wieder ab, bevor der andere Hund seine Voraus- beziehungsweise Detachier-Übung ausführt. Anschließend wird getauscht und der Hund, der zuerst abgelegt war, führt nun den Gehorsamsteil vor, während der anderer Hund in die Platzposition gebracht wird.

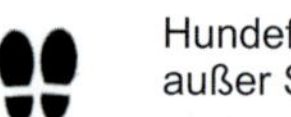

HINWEIS

Eine häufig gesehene Unachtsamkeit bei der Gehorsamsprüfung ist das Weglassen der Grundstellungen. Jede Übung beginnt und endet mit einer Grundstellung. Wenn man sich konsequent daran hält, ist es nicht nur für den Hundeführer selbst einfacher, sondern auch die Prüfer sehen so etwas gern, auch wenn bei der Rettungshundearbeit in der Regel nicht so sehr darauf geachtet wird wie im Hundesport. Trotzdem ist es sinnvoll, die Grundstellungen einzunehmen, weil man dann selbst strukturierter seine Übungen hintereinander durchführen kann und sich der Prüfungsstress vielleicht nicht so sehr bemerkbar macht.

4. Teil: Die Flächensuchprüfung

Bei der eigentlichen Überprüfung der Suchleistung des Hundes muss das Rettungshundeteam eine Waldfläche von etwa 30.000 Quadratmetern absuchen. Das Team hat dafür 20 Minuten Zeit und muss die in dem Gelände ausgebrachten Versteckpersonen (eine oder zwei) finden und versorgen. Die 20 Minuten beziehen sich auf die reine Suchzeit, während der Ersten Hilfe wird die Uhr angehalten.

Vor dem Beginn der Suche wird der Hundeführer vom Prüfer in eine fiktive Lage eingewiesen. Er soll sich alle Informationen beschaffen, die für einen Rettungshundeeinsatz wichtig sind, wie die Erreichbarkeit anderer Hilfskräfte, Gefahren im Suchgebiet und vieles mehr. Eine Karte des Suchgebietes und ein Funkgerät werden ihm ausgehändigt und nun muss er dem Prüferteam eine Einsatztaktik mitteilen, mit der er das Suchgebiet absuchen will. Dabei sind eine Reihe von Faktoren zu berücksichtigen, unter anderem die Windrichtung und die Geländebeschaffenheit.

Nun macht er seinen Hund bereit und setzt ihn an. Die Einsatztaktik muss so ausgelegt sein, dass der Hundeführer das Suchgebiet nur einmal durchstreift. Er darf also keinen Geländeteil mehrfach betreten; der Hund darf das natürlich.

Der Hund sollte sich bei der Suche selbstständig und motiviert im Gelände bewegen und dabei doch vom Hundeführer lenken lassen. Auch darf er sich von ungünstigen Geländegegebenheiten nicht aufhalten lassen. Der Hund sucht während der gesamten Suche nach menschlicher Witterung und folgt dieser, sobald er sie in die Nase bekommt. Er zeigt so an, wie er es gelernt hat. Der Hundeführer gibt den Prüfern ein Zeichen, dass der Hund eine Person gefunden hat, und begibt sich dann zu dieser. An der Versteckperson angekommen, wird der Hund sicher abgelegt und der Hundeführer muss an der Versteckperson die vorgeschriebenen Erste-Hilfe-Maßnahmen ausführen. Die Versteckpersonen haben vorher von den Prüfern erklärt bekommen, wie sie sich zu verhalten haben, und nun kann bewertet werden, ob der Hundeführer sein Handwerk auch als Ersthelfer versteht. Außerdem muss er mit dem Funkgerät eine korrekte Meldung abgeben, die unter anderem auch den genauen Fundort beinhaltet, damit die Rettungskräfte den Weg dorthin finden.

Ist die Suche beendet, bewerten die Prüfer das Rettungshundeteam, wobei Hund und Hundeführer getrennt bewertet werden. Betrachten die Prüfer die Gesamtleistung als mindestens ausreichend (Note 4), hat der Prüfling die Prüfung bestanden.

Bei der Prüfung muss der Hundeführer wissen, welche Erste Hilfe er bei der Person leisten muss, die sein Hund angezeigt hat, und wie dann weiter vorzugehen ist.

HINWEIS

In der Prüfung hat man nach der Ersten Hilfe Zeit, dem Hund etwas Wasser zu geben, was man, besonders bei warmem Wetter auch auf jeden Fall tun sollte. Die Zeit läuft erst wieder, wenn man den Hund neu ansetzt.

Wer sich zum ersten Mal mit der Rettungshundearbeit beschäftigt, sieht am Anfang nur die vielen Anforderungen und denkt oft, dass so etwas kaum zu schaffen ist. Aber man sollte keine Panik bekommen, sondern es konzentriert und motiviert angehen. Es dauert ja in der Regel etwa zwei Jahre, bis ein Hund und sein Hundeführer so weit sind, und in dieser Zeit kann man sich ausgiebig auf die Prüfung vorbereiten.

Einsatz – Taktik und Besonderheiten

Ein Rettungshundeeinsatz beginnt mit einer Alarmierung, die meist über Handy (SMS) oder auch über diverse Meldeempfänger erfolgen kann. Man meldet sich daraufhin bei seinem Einsatzleiter (das ist meist der Staffelleiter), damit dieser weiß, in welcher Personalstärke er in den Einsatz gehen kann.
Optimal ist es, wenn man einen zentralen Sammelpunkt hat und mit nur wenigen Fahrzeugen zum Ort des Einsatzes fahren kann. Aus den unterschiedlichsten Gründen ist dies aber nicht immer möglich und man muss doch mit Privatfahrzeugen zum Einsatz fahren. Dies sollte jedoch möglichst die Ausnahme sein.

DIE AUSRÜSTUNG

Jeder Hundeführer ist selbst für seine Ausrüstung verantwortlich. Darüber, was ein Rettungshundeführer im Einsatz alles bei sich haben muss, gibt es verschiedene Vorstellungen. Aber einige Gegenstände sind unbedingt nötig.

Die wichtigsten Ausrüstungsgegenstände für ein Rettungshundeteam.

Für den Hundeführer:

- *Persönliche Schutzkleidung (hierzu gehören auch Helm und Stiefel)*
- *Funkgerät*
- *GPS, Landkarte und Kompass*
- *Taschenlampe (einschließlich Ersatz-Batterien)*
- *Erste-Hilfe-Set*

Für den Hund:

- *Leine*
- *Halsband oder Geschirr*
- *Wasser*
- *Spielzeug oder Leckerchen zur Bestätigung*
- *Kenndecke (mit Lampe für die Nachtsuche)*
- *Maulkorb*

Je nachdem, wann, wo oder nach wem man sucht, kommen verschiedene Einsatztaktiken infrage. Das Ziel ist es, das Rettungshundeteam so einzusetzen, dass es möglichst schnell das vorgegebene Einsatzgebiet absucht. Dabei müssen Faktoren wie Tageszeit, Windverhältnisse und Temperatur berücksichtigt werden. Der Eigenschutz der Hilfskräfte ist immer ganz besonders zu beachten. Die gängigsten Einsatztaktiken werden hier nun vorgestellt.

Freie Suche

Grobsuche
Ein kleines, sehr dicht bewachsenes Gelände kann mit einer Grobsuche abgesucht werden. Der Hund muss dabei selbstständiges Arbeiten gewohnt sein und möglichst von selbst wieder zurückkommen. Weil die Windverhältnisse in so einem Gelände aber sehr schwierig sein können, muss man solche Gebiete später unter Umständen noch einmal gründlicher absuchen.

Wegesuche 1

Bei einer Wegesuche wird ein etwa 50 Meter breiter Streifen links und rechts des Weges abgesucht. Diese Methode wird vor allem nachts angewandt, da bei dieser Taktik die Orientierung sehr viel einfacher ist als bei einer flächendeckenden Suche. Außerdem sagt die Erfahrung, dass sich die meisten Vermissten selten weiter als 50 Meter von Wegen entfernen. Besonders bei älteren Menschen ist das der Fall.

Im Idealfall setzt man zwei Hundeteams ein, wobei jedes eine Wegeseite absucht. Auch sollten die Teams ein wenig versetzt zueinander eingesetzt werden, damit sie sich nicht in die Quere kommen.

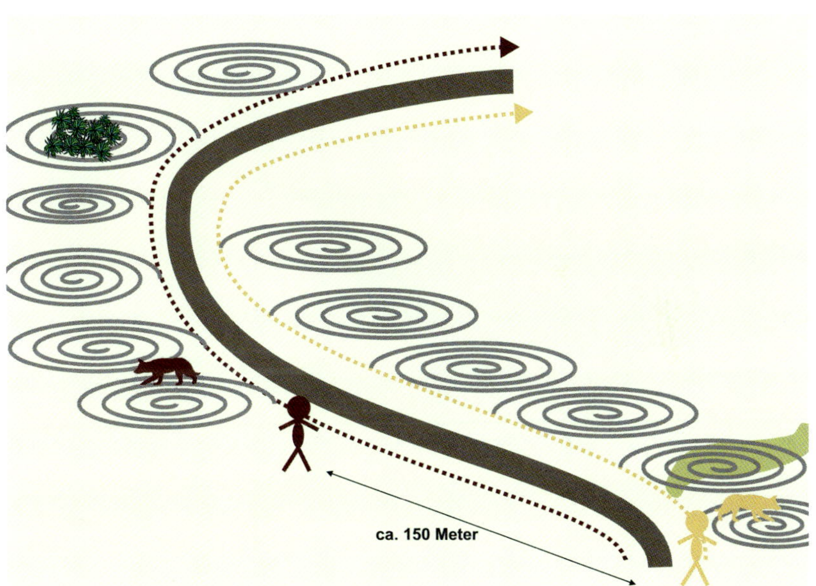

Wegesuche 2

Dies ist ein Beispiel für die Wegesuche mit nur einem Suchteam. Mit einem sehr führigen Hund kann man die Wegesuche dann so gestalten, dass der Hundeführer auf dem Weg bleibt und ein Helfer durch das Suchgebiet läuft. Beide bewegen sich vorwärts und lassen den Hund immer zwischen sich hin- und herpendeln, indem sie abwechselnd den Hund rufen. Zwischendurch bekommt der Hund natürlich immer mal eine Belohnung.

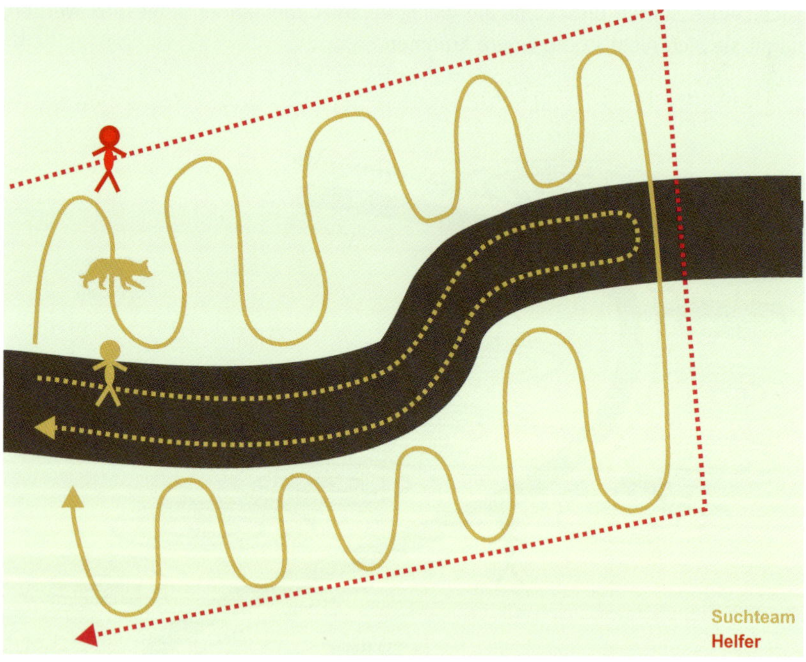

Wegesuche 3
Hierbei handelt es sich um eine Wegesuche, bei der zwei Teams etwas versetzt jeweils eine Seite mit ganz unterschiedlichen Geländen absuchen. Entweder kann der Hundeführer hierbei seinen Hund gezielt immer wieder ins Suchgebiet senden oder ein Helfer wird im Suchgebiet gebraucht.

Parzellensuche

Bei der Parzellensuche bekommt der Hundeführer ein klar zugewiesenes Suchgebiet mit eindeutigen Grenzen. Da in den meisten Wäldern Deutschlands regelmäßig Wege, Waldränder, Gräben, Forstwege und so weiter zu finden sind, ist es meistens nicht schwierig, ein Suchgebiet in Parzellen aufzuteilen. In der jeweiligen Parzelle kann der Rettungshund dann seine Stärke (Schnelligkeit, Selbstständigkeit) voll ausspielen. Deshalb ist diese Art der Suche die effektivste, zeit- und kraftsparendste Methode, um ein Suchgebiet flächendeckend abzusuchen.
Außerdem kann bereits mit der Suche begonnen werden, auch wenn erst wenige Rettungshundeteams vor Ort sind. Wichtig ist natürlich, dass das Rettungs-

hundeteam eine Landkarte mitbekommt, in der das zugewiesene Suchgebiet eingezeichnet ist. Da in der Regel der Rettungshundeführer sein Suchgebiet selbstständig finden und dessen Grenzen erkennen muss, ist die Parzellensuche anspruchsvoller als die Kettensuche (siehe Seite 136 f.), aber eben auch erheblich effektiver.

Parzellensuche 1

Bei der Parzellensuche wird den einzelnen Teams jeweils eine Parzelle zugeteilt, die dann von dem Hund abgesucht wird.

Der Hundeführer kann selbstständig entscheiden, wie er den Hund in seinem Suchgebiet einsetzt, was auch davon abhängig ist, wie sein Hund am besten sucht. Vor allem die Windrichtung und die Thermik sind dabei zu beachten. Sollte man eine Parzellensuche in der Nacht durchführen, ist eine gut eingespielte Zusammenarbeit mit mindestens einem, möglichst mehreren Helfern unumgänglich.

Parzellensuche 2

Ein gut ausgebildetes, erfahrenes Team mit einem oder mehreren erfahrenen Helfern kann mit der Parzellensuche in kurzer Zeit ein sehr großes Gebiet absuchen. Während der Hundeführer einmal um das Suchgebiet geht, lässt er den Hund um sich herum suchen und lenkt ihn mit körperbetontem Gehen.

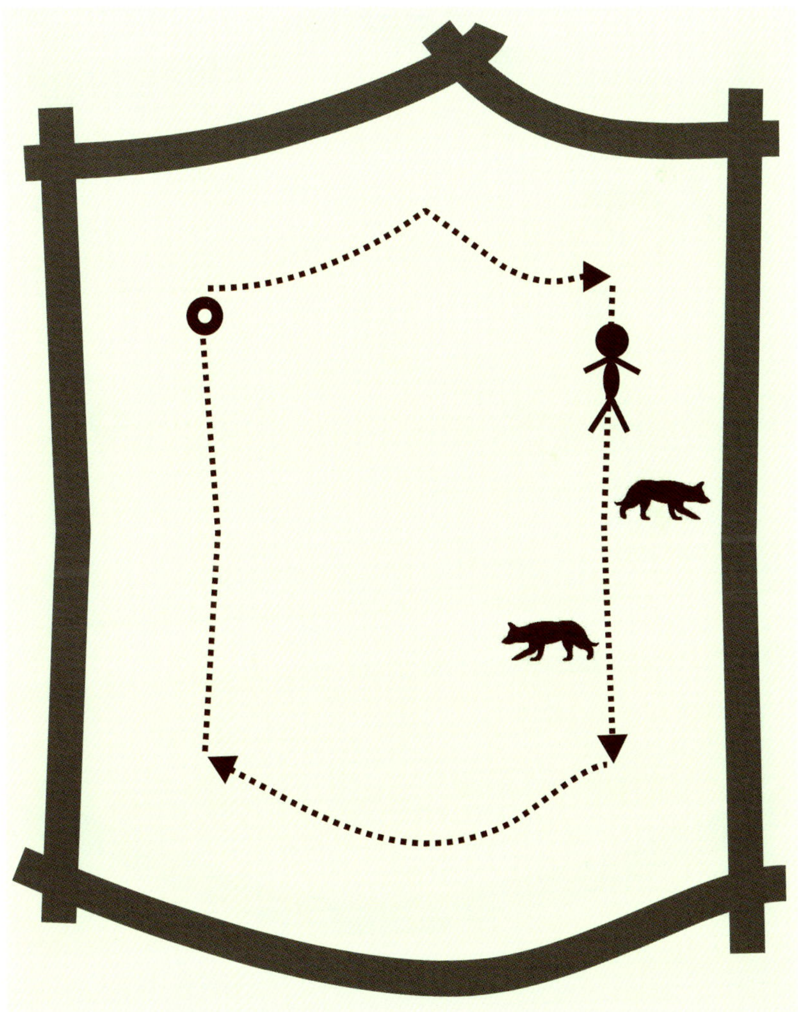

Parzellensuche 3

Ist eine Parzelle für einen Hundeführer zu groß, teilen sich in dem Gelände zwei Teams auf.

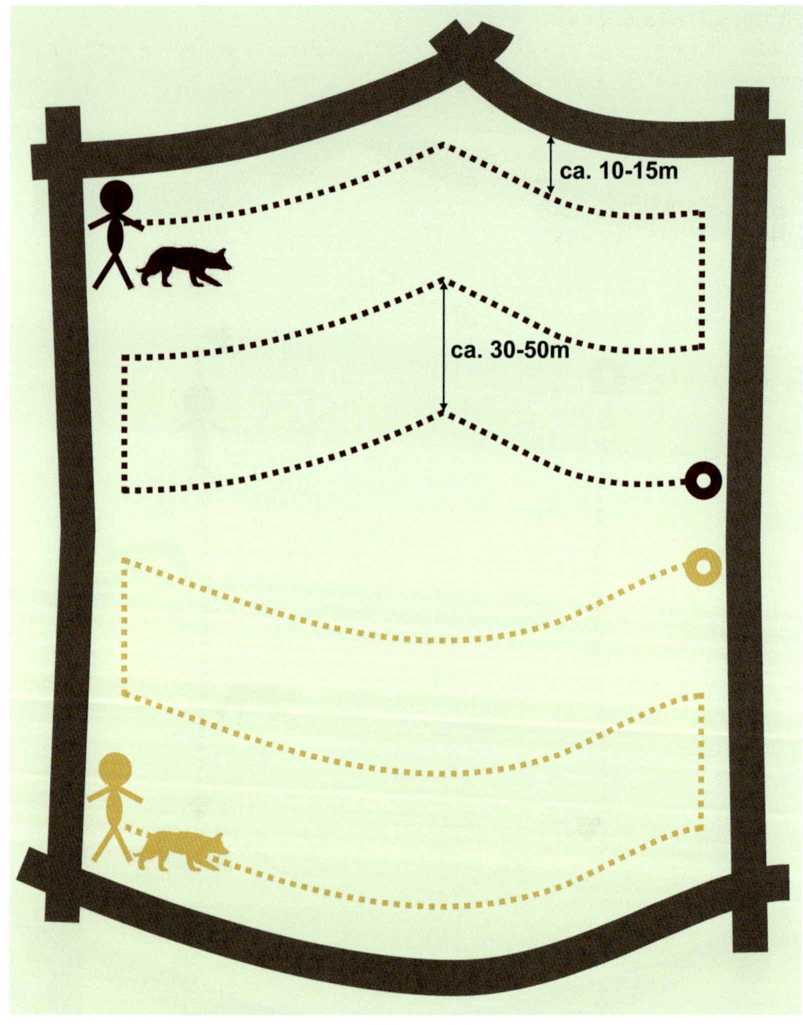

Hangsuche

In Hanglagen ist zu beachten, dass am Morgen durch die Erwärmung der Luft in den oberen Bereichen ein Talwind entsteht, das heißt, die Luft steigt von unten nach oben. Deshalb ist es bei Suchen am Morgen sinnvoll, in den oberen Lagen mit der Suche zu beginnen.
Abends verhält es sich genau umgekehrt: Die kalte Luft strömt von oben nach unten (Bergwind), deshalb beginnt man abends mit der Suche unten am Hang.

Wegen möglicher Gefahren durch Erdrutsche oder Geröll suchen die Rettungshundeteams versetzt zueinander, damit sie sich nicht gegenseitig gefährden. Auf Kuhlen oder dichtes Gebüsch sollte ebenso geachtet werden, weil dort die zu suchende Person eventuell hineingefallen sein kann.

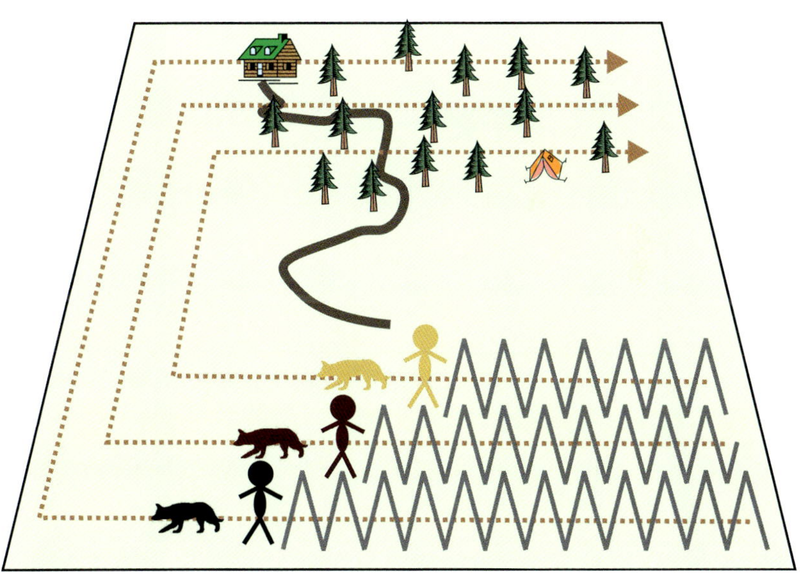

Kettensuche

Kettensuche 1

Bei der Kettensuche gehen die Hundeführer in einigem Abstand (etwa 30 bis 50 Meter, je nach Geländebeschaffenheit) nebeneinander durch das abzusuchende Gelände und lassen ihre Hunde links und rechts von sich suchen.

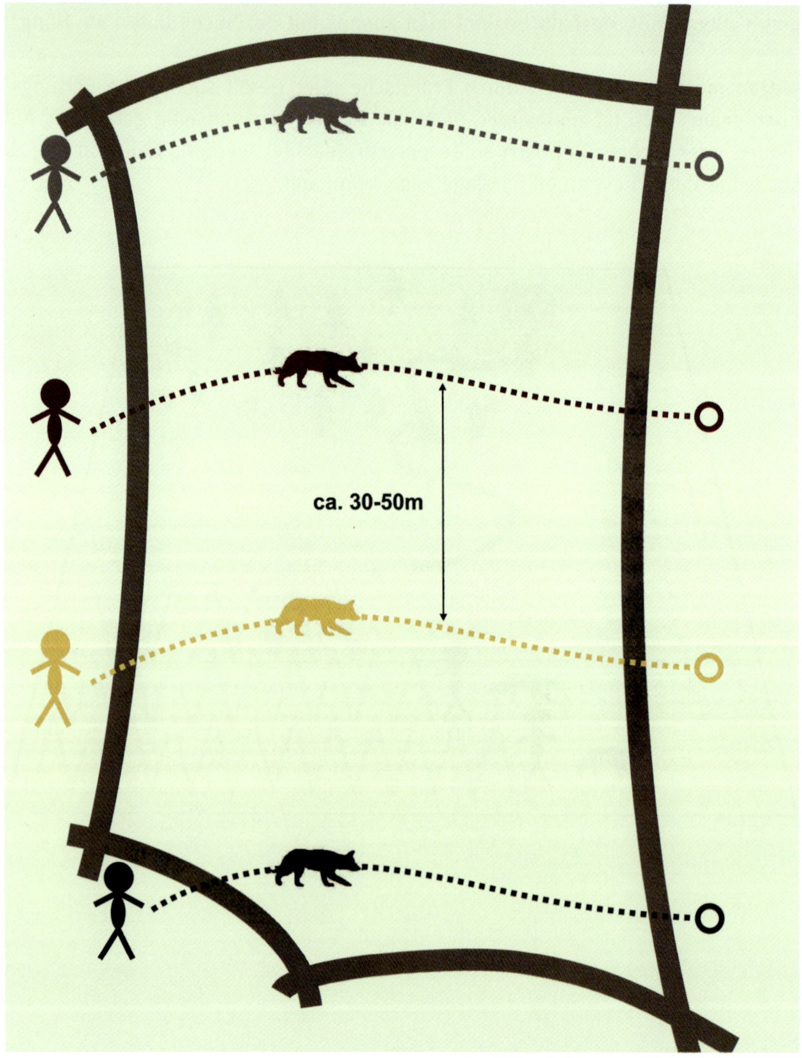

Diese Einsatztaktik ist sehr zeitaufwendig und kraftraubend, da das Tempo vom langsamsten Team bestimmt wird und schnelle Hunde oft ausgebremst werden müssen, was natürlich bald zu einem Motivationsverlust führen kann. Außerdem wird der Hauptvorteil der Rettungshunde, das selbstständige, weiträumige Absuchen großer Flächen, in kurzer Zeit damit verschenkt.
Sinnvoll kann die Suchkette bei schwierigen Windverhältnissen sein, bei großflächigen Suchabschnitten ohne optische Grenze oder auch in einem Gelände mit vielen Mulden, sodass eine engmaschige Suche notwendig wird.

Kettensuche 2
Auch diese Form der Suche wird als Kettensuche bezeichnet.

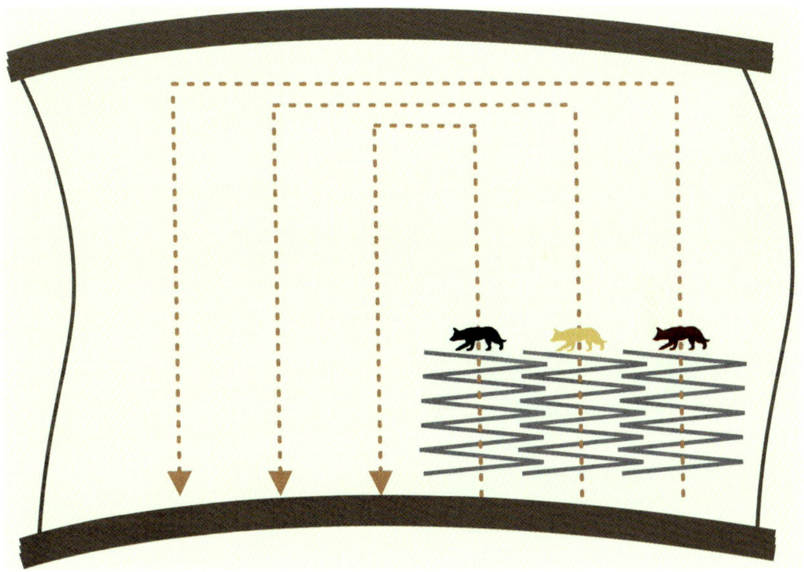

Schwerpunktsuche

Es kann vorkommen, dass es in einem Suchgebiet gewisse Schwerpunkte gibt, die abgesucht werden sollen. Während ein Team alles absucht (bis auf diese Schwerpunkte), werden andere Teams innerhalb dieses Suchgebiets angewiesen, bestimmte Geländestrukturen gesondert abzusuchen.

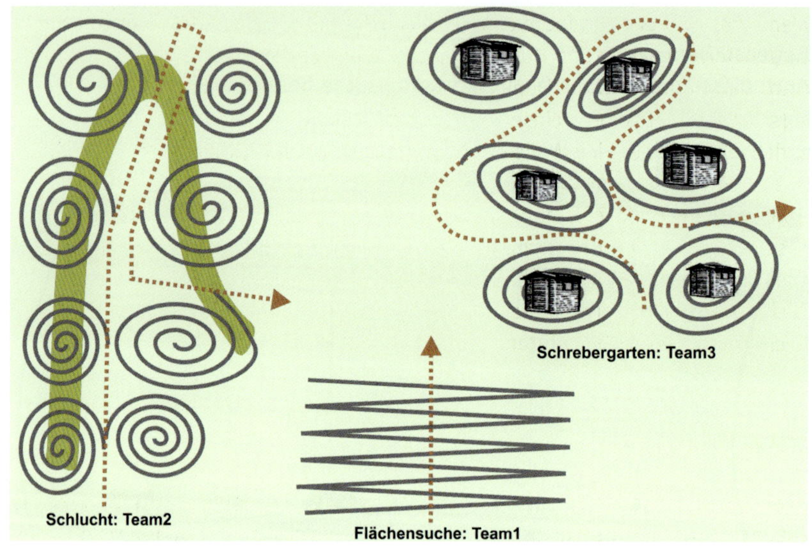

Besonderheiten bei Nachtsuchen

Nachteinsätze haben immer einen besonderen Charakter. Nachts ist nicht nur die Orientierung ungleich schwerer als tagsüber, auch auf die Sicherheit der Hilfskräfte ist ein besonderes Augenmerk zu legen. Aber da bei der Alarmierung von Rettungshunden immer Menschenleben akut in Gefahr sind, kann man es sich nicht aussuchen und muss natürlich auch oft in der Dunkelheit mit seinem Rettungshund in den Einsatz gehen.

Wenn man an der Kenndecke des Hundes neben der Glocke nachts einen Leuchtkörper befestigt oder den Hund mit einem leuchtenden Halsband versieht, kann man den Hund auch im Dunkeln gut beobachten. Taschenlampen sollte man vorsichtig und überlegt einsetzen, da sich das Auge jedes Mal, wenn es hell aufleuchtet, wieder eine Weile benötigt, um sich an die Dunkelheit zu gewöhnen. Das gilt auch für das Auge des Hundes. Sollte man den Hund einmal aus Versehen mit der Taschenlampe blenden, ist das auch sehr nachteilig. Da kann es passieren, dass er einen Moment nichts sieht und sich verletzt.

Man sollte auch daran denken, regelmäßig nach dem Vermissten zu rufen. In der nächtlichen Stille eines Waldes hört man ein Rufen sehr weit. Vielleicht ist er ja noch in der Lage zu antworten.

Einsatzende

Irgendwann ist jeder Einsatz beendet. Ein Einsatz gilt als beendet, wenn die Einsatzleitung dies beschließt. Zu diesem Entschluss kann sie aufgrund verschiedener Faktoren kommen:

- Die vermisste Person wurde gefunden. Nachdem der Einsatzleitung mitgeteilt wurde, wo die vermisste Person aufgefunden wurde, leitet sie alle notwendigen Maßnahmen zur Rettung ein. Konnte die vermisste Person leider nicht mehr lebend gefunden werden, muss man darauf achten, dass keine eventuell vorhandenen Spuren zerstört werden.
- Die Hundeteams sind erschöpft und es stehen keine neuen Kräfte zur Verfügung. Dann kann die Einsatzleitung anordnen, dass zumindest für die Rettungshundeteams der Einsatz vorerst beendet ist. Oft wird der Einsatz später wieder mit neuen und ausgeruhten Kräften fortgesetzt.
- Aufgrund neuer Erkenntnisse kann die Einsatzleitung den Einsatz abbrechen. Möglicherweise werden auch die Chancen als zu gering oder die Gefährdung für die Rettungshundeteams als zu groß angesehen. Vor allem bei Nachtsuchen kann dies passieren. Diese Einsätze werden dann häufig am nächsten Tag fortgesetzt.

Zum Schluss

Ich hoffe, dass viele Leser bis hierher durchgehalten haben, und so möchte ich zum Abschluss noch ein paar Worte sagen.
Meine Hoffnung ist es, dass ich mit diesem Buch möglichst vielen Rettungshundeführern und solchen, die es werden wollen, weiterhelfen konnte. Alle Methoden, die in diesem Buch beschrieben werden, sind vielfach erprobt. Natürlich konnte ich nicht alle Feinheiten und alle möglichen Fehlerquellen ausführlich behandeln, dafür gibt es in der Hundearbeit einfach zu viele. Trotzdem hoffe ich, dass die Lektüre dieses Buches vielen Menschen Freude bereitet hat und sie in ihrem Beschluss, sich für die Rettungshundearbeit zu entscheiden, weiter bestärken wird.

Sicherlich wird es viele geben, die ich nicht restlos überzeugen konnte, aber auch denen wünsche ich, dass die Lektüre meines Buches keine verschwendete Zeit war. Wie bereits erwähnt, ist meine Methode keineswegs die einzige, sondern nur eine unter mehreren, mit denen man Rettungshunde ausbilden kann. Ich würde niemals behaupten, dass Rettungshundearbeit nur so und nicht anders durchgeführt werden kann und darf. Ein jeder muss seinen Weg finden und ich werde den meinen sicherlich auch in Zukunft weiterhin modifizieren und verbessern.

Wer nichts mehr dazulernen will, dem entgehen natürlich neue Ideen und Methoden, die ständig entwickelt werden und auf die ich mich schon freue. Denn gerade das macht die Hundearbeit im Allgemeinen und die Rettungshundearbeit im Besonderen so spannend.

Danksagung

An dieser Stelle möchte ich mich bei einigen Personen bedanken, die mir bei der Erstellung dieses Buches unschätzbare Hilfe geleistet haben – und das nicht nur, weil sie aktiv an diesem Buch mitarbeitet haben, sondern auch, weil ich viel von ihnen gelernt habe und sie mir manchmal eine neue Sicht der Dinge nahebrachten. Dieser Austausch von Erfahrungen, den ich so sehr schätze, ist mir ungeheuer wichtig, weil ohne ihn eine zukunftsorientierte Hundeausbildung nicht funktioniert.
Dieser Erfahrungsaustausch geht bei mir über die Grenzen der Rettungshundearbeit weit hinaus. Natürlich tausche ich mich gern mit Ausbildern und Hundeführern anderer Rettungshundestaffeln aus und lerne auch dort immer wieder Neu-

es. Aber ebenso genieße ich den Austausch mit Ausbildern und Hundeführern aus anderen Bereichen der Hundearbeit, die mir schon manches Mal ganz neue Erkenntnisse brachten.

Ganz herzlich bedanken will ich mich bei meiner gesamten Rettungshundegruppe, die mich bei der Erstellung meines Buches so tatkräftig unterstützt hat. Sie alle haben mich, gelegentlich auch durch kritische Bemerkungen, dahin gebracht, wo ich heute bin. Denn nur durch die enge Zusammenarbeit aller Mitglieder der Rettungshundegruppe kann man sich als Ausbilder weiter entwickeln.

Da ist vor allem Silke Müller, die mir als Ausbilderin seit Jahren zur Seite steht und mich mit Rat und Tat beim Schreiben dieses Buches unterstützt hat.

Mein Dank gilt Carlo Rasi, der nicht nur durch sein Engagement, sondern auch durch seine guten Fotos eine wichtige Hilfe war.

Dr. Gabriele Lehari vom Verlag Oertel+Spörer hat mich sehr unterstützt und ich bin ihr für ihre wertvollen Ratschläge außerordentlich zu Dank verpflichtet.

Bedanken will ich mich bei Matthias Falkenstein, der mir mit seinem umfassenden Wissen über die Arbeit mit Hunden jederzeit zur Seite steht und dessen Rat ich sehr schätze. Zudem hat auch er durch seine Fotos viel zum Gelingen dieses Buches beigetragen.

Und da ist Dominic Gröne, ein hervorragender Vertreter der jungen Generation von Gebrauchshundeausbildern. Seine Tipps haben in diesem Buch, gerade im Bereich der Unterordnung, einen gebührenden Platz gefunden.

Silke Schulze gilt ebenso mein Dank. Sie war für die praktische Umsetzung dieses Buchprojekts eine große Hilfe.

Und auch meinem Freund Peter Dyck gilt mein Dank. Er war eine riesige Stütze für mich.

Und nicht zuletzt möchte ich auch allen danken, die sich mir als Fotomodell mit ihren Hunden zur Verfügung gestellt haben und dadurch auch zum Gelingen des Buches beigetragen haben.

Literatur

American Rescue Dog Association: **Search and Rescue Dogs.** Howell Book House, 2002.

Geng, Ulrike: **Hundeerziehung im Alltag.** Oertel+Spörer, 2008.

Glöckner, Klaus: **Der gewaltfreie Weg zum Verbellen.** Books on Demand 2001.

Hartmann, Michael: **Patient Hund.** Krankheiten erkennen, vorbeugen, behandeln. Oertel+Spörer, 2010.

Rauth-Widmann, Brigitte: **Welpen** – Mit dem Hund durch das erste Jahr. Oertel+Spörer, 2010.

Reichenbach, Uta und Lehari, Gabriele: **Der zuverlässige Begleithund.** Von der Welpenerziehung bis zur Begleithundprüfung. Oertel+Spörer, 2009.

Rullang/Gintzel: **Handbuch für Hundeführer.** Boorberg 2004.

Wegmann, Angela und Heines, Wilfried Heines: **Such und Hilf.** Kynos, 2002.

Werner, Tina: **Wellness für Hunde.** Massage und Physiotherapie für jeden Tag. Oertel+Spörer, 2010.